따라 쓰기만 해도 어휘력과 표현력이 자라나는

김종원의 초등 필사 일력 365

김종원 지음

100만 학부모가 사랑하는 인문 교육 전문가. 지난 20년 간의 치열한 연구와 실천을 통해 아이들이 따라 쓰는 문장은 곧 아이의 말이 되고 세상이 된다는 사실을 깨달았다.

《김종원의 초등 필사 일력 365》는 스펀지처럼 세상을 흡수하는 초등 시기 아이들에게 김종원이 전하고 싶은 365개의 어휘와 필사 문장을 담은 일력이다. 초등학교에 들어가게 된 아이들은 변화하는 환경에 적응하며 보고 듣고 접하는 모든 것들을 내면에 차곡차곡 쌓으면서 자신만의 세계를 세워 간다. 이 시기에 필사, 즉 따라 쓰기를 통해 어휘력과 표현력을 기른다면 몇 가지 언어로 자신의 감정과 생각을 표현하는 대신 정확하게 말하고 다채롭게 표현하는 아이로 자라날 수 있을 것이다.

지은 책으로는 《부모의 어휘력》《66일 인문학 대화법》《66일 밥상머리 대화법》《66일 자존감 대화법》《66일 공부머리 대화법》《나에게 들려주는 예쁜 말》《김종원의 진짜 부모 공부》《우리 아이 첫 인문학 사전》 등 100여 권이 있다. 부모와 아이가 함께 꾸준히 필사하는 습관을 들일 수 있도록 '아이와 하루 5분 필사' 밴드를 운영하고 있으며, 그 밖에도 다양한 온라인 채널과 강연, 그리고 매일 1편 이상 인문학적 영감을 일깨워 주는 글을 통해 독자들과 활발히 소통하고 있다.

· **인스타그램** @thinker_kim
· **블로그** blog.naver.com/yytommy
· **카페** cafe.naver.com/onedayhumanities
· **카카오스토리** story.kakao.com/ch/thinker
· **카카오톡채널** pf.kakao.com/_xmEZPxb
· **페이스북** facebook.com/jongwon.kim.752
· **아이와 하루 5분 필사 밴드** https://band.us/band/95359603

따라 쓰기만 해도 어휘력과 표현력이 자라나는

김종원의
초등 필사 일력 365

초판 1쇄 발행 2024년 10월 15일

초판 2쇄 발행 2025년 4월 15일

지은이 김종원

펴낸이 민혜영

펴낸곳 카시오페아

주소 서울특별시 마포구 월드컵로14길 56, 3~5층

전화 02-303-5580 | **팩스** 02-2179-8768

홈페이지 www.cassiopeiabook.com | **전자우편** editor@cassiopeiabook.com

출판등록 2012년 12월 27일 제2014-000277호

ISBN 979-11-6827-220-0 13590

프롤로그

"여러분은 마음속에 있는 말을 정확하고 다채롭게 표현하고 있나요?"

초등학생이 되면서 여러분은 이전보다 훨씬 넓은 세계를 만나게 되었을 거예요. 집에서 보내는 시간은 더 줄고, 바깥에서 보내는 시간은 더 늘어나게 됐죠. 학교도 가고, 학원도 가고, 그곳에서 새로운 친구들도 사귈 거예요. 그리고 보고 듣고 접하는 모든 것들을 차곡차곡 머릿속에 담으면서 잠자리에 들 테죠.

여러분, '어휘력'이 무엇인지 아나요? 내 마음속 곳간에 얼마나 많은 단어가 들어 있는지를 뜻하는 단어가 바로 어휘력이에요. 단어를 많이, 또 정확하게 알고 있어야 기쁠 때, 슬플 때, 짜증이 날 때, 화가 날 때 나의 감정을 제대로 표현할 수 있어요. 그리고 세상의 아름답고 가치 있는 것들을 더 잘 발견하고 나의 감상을 표현할 수 있게 되죠. 소중한 사람들에게 나의 진심을 표현할 때에도 필요한 것이 바로 어휘력이에요. 가끔 어떤 감정이 내 안에서 아주 강하게 느껴지는데, 내가 원하는 만큼 표현하지 못해서 답답할 때가 있지 않았나요? 혹은 내 생각을 또박또박 이야기하고 싶은데 어떤 단어를 써야 할지 몰라서 막막했던 적은요? 책

12월

31일

뛰어넘다

어려운 일 따위를 이겨 내다.

"작년의 달리기 기록을 **뛰어넘지** 못할 줄 알았는데
열심히 했더니 기록이 더 좋아졌어."

"저 선수는 진짜 늘 기대를 **뛰어넘는**
성과를 내는 것 같아."

필사하기

나는 과거의 나를 뛰어넘고 성장했어요.
어릴 때는 그림이 가득한 책만 읽을 수 있었는데
이제는 글자가 많은 책도 잘 읽게 되었으니까요.
앞으로도 언제나 나는
나의 한계를 뛰어넘을 거예요.

을 읽다가 모르는 단어가 너무 많아서 그만 내려놓게 되었던 적은 없나요?

이 책은 그런 여러분을 위해 쓴 책이에요. '어휘력'이나 '표현력'을 기르려면 왠지 어렵고 두꺼운 책을 펼쳐 놓고 오래 읽어야 할 것 같지만, 그것보다 중요한 건 바로 '따라 쓰기', 즉 필사를 통해 어휘의 진짜 뜻과 가치를 내 안에 담는 것이거든요. 여러분을 위해 어휘력과 표현력이 쑥쑥 자라날 수 있는 단어와 문장을 세심하게 고르고 썼으니, 하루에 한 장씩, 5분씩만 이 책에 적힌 문장들을 노트에 따라 적어 보세요. 낯설게 느껴졌던 단어들도 또박또박 노트에 적어 보면 어느새 나의 말처럼 느껴질 거예요. 손에 익숙해진 말들은 직접 입으로도 읽어 보고, 자기 전에 마음속으로 또 읽어 보면서 가치를 마음속에 담아요.

그러다 보면, 스스로 더 정확하게 말하고 다채롭게 표현하는 어린이가 되어가는 것을 느낄 거예요. 더 많이 읽고, 더 많이 표현하고, 더 많이 적고 싶어질 거고요. 이 책과 함께 매일을 기대하며 보낼 수 있기를, 스스로의 잠재력을 더 믿고 한 뼘 더 성장할 수 있기를 진심으로 응원합니다.

김종원 드림

12월

30일

채우다

일정한 공간에 사람, 사물, 냄새 따위를 가득하게 하다.

"고마운 마음을 가득 **채워서**
너에게 사랑으로 보답할게."

"어느덧 옷장을 꽉 **채운** 겨울옷들이
한 해가 다 지났음을 느끼게 해."

필사하기

나의 올해는 어떤 것들로 채워졌나요?

행복한 기억도 한 스푼,

고마운 마음도 한 스푼,

따뜻하고 다정한 말도 한 스푼 넣다 보니

어느새 내 키만큼 나도 성장한 것 같아요.

이 책의 활용 방법

이 책은 하루 한 장씩 읽고 따라 쓰는 일력이에요. 하루에 한 단어씩 정확하게 익히고 필사 문장도 따라 쓰다 보면 나의 어휘력과 표현력도 쑥쑥 자라날 거예요.

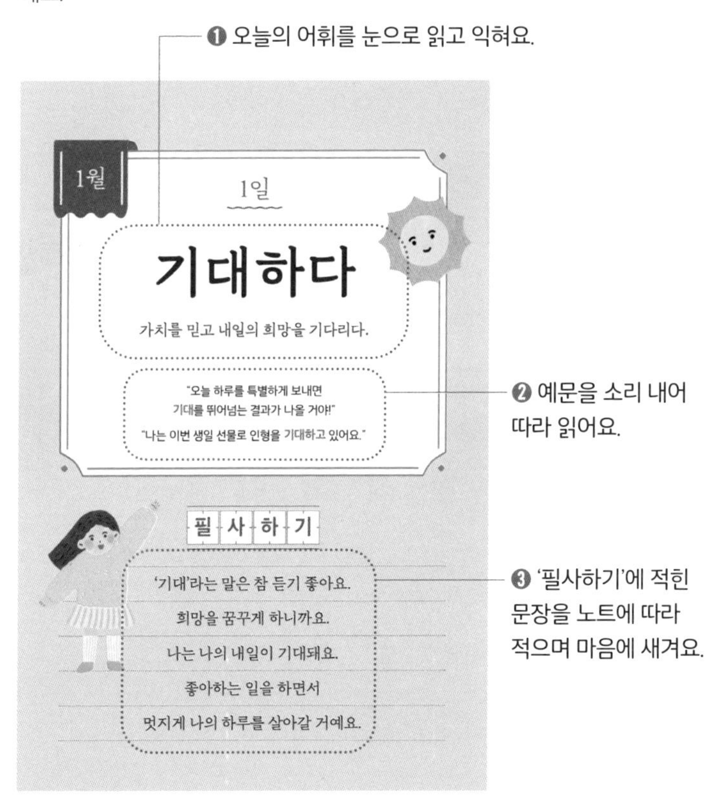

* 일러두기: 이 책에 소개된 단어들의 사전적 의미는 국립국어원 표준국어대사전을 바탕으로 하되, 일부는 초등학생의 눈높이에 맞춰 재구성하였습니다.

12월

29일

파악하다

어떤 대상의 내용이나 본질을 확실하게 이해하여 알다.

"내가 **파악하기로는**, 그 친구는
부담스럽게 다가가는 걸 좋아하지 않아."

"시를 읽을 때는 시인이 어떤 마음으로
시를 썼는지를 **파악하며** 읽어야 해."

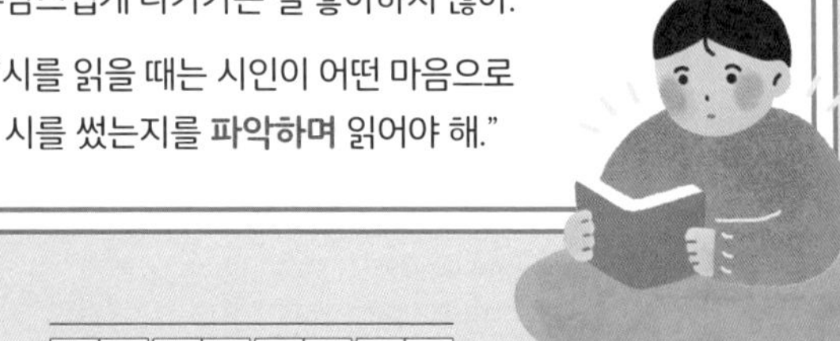

필사하기

심장은 눈으로 볼 수는 없지만 느낄 수 있죠.

언제나 부지런히 뛰며 내 생명을 지켜 줘요.

내 주변에는 그런 소중한 존재가 참 많아요.

늘 주변을 파악하며 고마운 마음을 가져야 해요.

1월

12월

28일

포개다

놓인 것 위에 또 놓다.
여러 겹으로 접다.

"손과 손을 **포개어** 파이팅을 외쳤더니
왠지 우리가 이길 수 있을 것만 같아."

"아침에 일어난 후에 이불을 예쁘게 **포개어** 놓으면 기분도 좋아져."

필사하기

손과 손을 포개고 마음과 마음을 포개면
무슨 일이든지 해낼 수 있을 것 같은
좋은 기분이 들어요.
날씨는 추워도 마음만은 춥지 않은
포근한 겨울이에요.

1월

1일

기대하다

가치를 믿고 내일의 희망을 기다리다.

"오늘 하루를 특별하게 보내면
기대를 뛰어넘는 결과가 나올 거야!"

"나는 이번 생일 선물로 인형을 **기대하고** 있어요."

필사하기

'기대'라는 말은 참 듣기 좋아요.

희망을 꿈꾸게 하니까요.

나는 나의 내일이 기대돼요.

좋아하는 일을 하면서

멋지게 나의 하루를 살아갈 거예요.

12월

27일

반짝반짝

작은 빛이 잠깐 잇따라 나타났다가 사라지는 모양.

"이슬이 햇볕에 **반짝반짝** 빛나는 모습이
정말 보석처럼 아름답다."

"엄마가 그랬는데, 선물을 준다고 하니까
갑자기 내 눈빛이 **반짝반짝** 빛났대."

필사하기

반짝반짝 빛나는 것들은 다 아름다워요.

햇빛을 받아 보석처럼 반짝이는 이슬,

선물을 받기 전 반짝이는 내 눈빛.

무엇이 또 반짝이는지 둘러보면

내 주변에는 온통 빛나는 것들로 가득해요.

1월

2일

일깨우다

가르쳐서 깨닫게 하다.

“화재 현장에서 몸을 바쳐서 사람들을 구하는
소방대원의 희생정신은 나를 **일깨워** 주었어.”

“내가 나를 더 믿고 사랑하려면
나만의 가치를 스스로 **일깨워야** 해.”

필사하기

무엇이 정답인지 모르는 사람에게

진실이 무엇인지 일깨워 주기 위해서는

‘누가 옳은가?’가 아니라,

‘무엇이 옳은가?’를 찾으라고 말해 줘야 해요.

12월

26일

감지하다

느끼어 알다.

"강아지는 사람보다
냄새를 좀 더 세밀하게 **감지할** 수 있어."

"친구가 던진 눈뭉치가 얼굴로 날아오는 순간,
위험을 **감지하고** 바로 눈을 감았어."

필사하기

무언가를 세밀하게 감지하려면
일상에서 감각의 촉을 세우고 있어야 해요.
주변에서 어떤 즐거운 일이 일어나는지
섬세하게 감지할 줄 아는 사람은
행복의 가능성도 더 잘 감지하거든요.

1월

3일

가능성

앞으로 실현되거나 성장할 수 있는
성질이나 정도.

"지금 실패해도 괜찮아.
우리에게는 아직 가능성이 남아 있어."

"뭐든 시도하기 전에는 힘들어 보여.
하지만 시도하면 가능성이 보이기 시작하지."

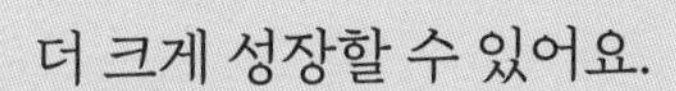

필사하기

나는 내가 가능하다고 생각한 만큼
더 크게 성장할 수 있어요.
그게 바로 가능성이 가진 힘이죠.
스스로 가능하다고 생각하면,
무엇이든 할 수 있어요.

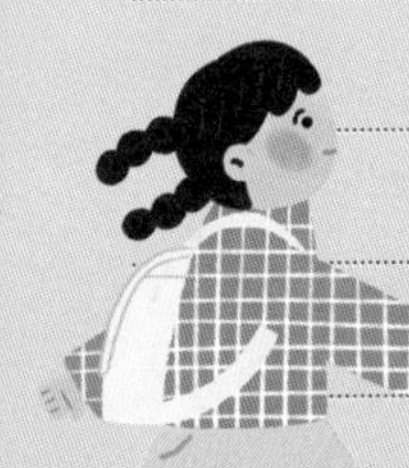

12월

25일

왜냐하면

왜 그러냐 하면.

"나는 행복해. **왜냐하면**, 너와 함께 있으니까!"

"나는 너에게 고마워.
왜냐하면, 너는 내가 힘들 때 나를 위로해 주었으니까."

필사하기

불행의 이유를 찾기보다는
행복의 이유를 찾아야 내 삶의 가치도 늘어나요.
왜냐하면, 내가 왜 행복했었는지 떠올리는 과정에서
이미 나는 또 다른 행복을 경험하거든요.

1월

4일

가치

내 눈이 찾은 사물이 지니고 있는 쓸모.

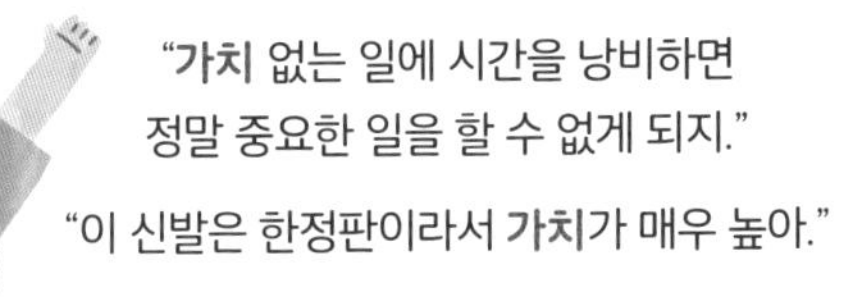

"**가치** 없는 일에 시간을 낭비하면
정말 중요한 일을 할 수 없게 되지."

"이 신발은 한정판이라서 **가치**가 매우 높아."

필사하기

자신의 가치는 스스로 정하는 거예요.

어떤 마음과 태도로 하루를 사느냐에 따라서

나의 가치는 얼마든지 달라질 수 있어요.

이제부터 나는 다정한 마음과 진실한 태도로

가치 있는 하루를 보낼 거예요.

12월

24일

인식하다

사물을 분별하고 판단하여 알다.

"현실을 제대로 **인식해야** 성장할 수 있어."

"강아지가 우리 집을 아주 안정적인 공간으로 **인식하고** 있는 것 같아."

필사하기

읽고 싶은 책을 '빌려서 읽는 사람'과

읽고 싶은 책이 생길 때마다 '사서 읽는 사람',

평소에 늘 책을 사고 '사 놓은 책을 읽는 사람',

책을 인식하는 방식에 따라서

책을 읽는 방법도 이렇게 달라요.

1월

5일

수용하다

생각이나 지식 등을 받아들이다.

"이 버스는 30명의 승객을 **수용할** 수 있어."

"친구의 의견을 **수용할** 수 있는 사람이
세상을 좀 더 넓게 볼 수 있지."

필사하기

다른 사람의 생각을 수용할 수 있어야

그 사람의 입장도 이해할 수 있어요.

내 마음의 넓이가

내가 가질 지성의 크기를 결정해요.

12월

23일

박탈하다

남의 재물이나 권리, 자격 따위를 빼앗다.

"너는 반칙을 씀으로써 너에게 주어진 좋은 기회를
스스로 **박탈한** 거야."

"자꾸 잘못을 저지르고 문제를 만들면
반장 자격을 **박탈**당할 수도 있어."

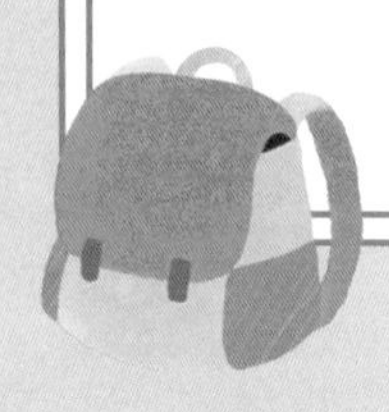

필사하기

지위와 권한은 박탈할 수 있지만,

사람의 자유까지 박탈할 권리는 누구에게도 없어요.

모든 사람에게는 자유가 주어졌고,

그건 누구도 박탈할 수 없는 가치이니까요.

1월

6일

전에 미리

더 잘하기 위한 준비.

"수업 **전에 미리** 공부를 해 두면
수업 내용을 더 쉽게 이해할 수 있어."

"여행을 떠나기 **전에 미리** 조사를 하는 게 좋아.
더 많이 알고 떠나면 보이는 게 많거든."

필사하기

해야 할 일의 양이 많고 어려워도
늦기 전에 미리 준비하면 걱정이 없어요.
어려운 일일수록 철저히 준비하면
오히려 자신감이 더 커지니까요.

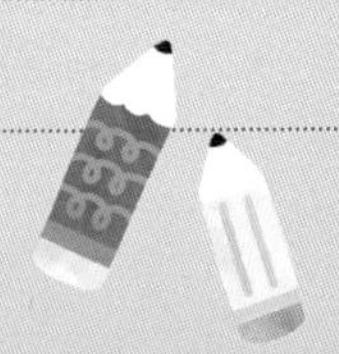

12월

22일

제거하다

없애 버리다.

"불순물을 제거하려면
끓이고 삶는 과정을 반복해야 해."

"퀴퀴한 냄새를 제거하려고 방향제를 두었더니
방에서 향기가 나."

필사하기

세상에는 수많은 전문가가 있어요.

그들의 특징은 바로 실수가 많았다는 것이죠.

전문가는 할 수 있는 모든 실수를 저지르면서

자신의 무능력한 부분을 제거한 사람이에요.

1월

7일

가깝다

서로 간의 거리가 짧거나, 관계가 다정하고 친하다.

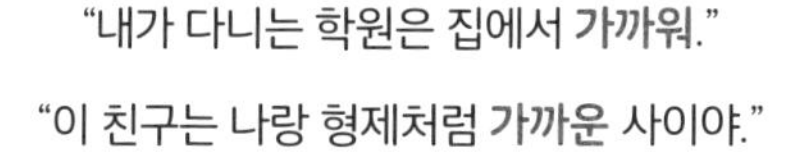

"내가 다니는 학원은 집에서 **가까워.**"

"이 친구는 나랑 형제처럼 **가까운** 사이야."

필사하기

몸이 가까운 사람은 이웃이 되고,

마음이 가까운 사람은 친구가 되죠.

모두가 내게는 하나뿐인 특별한 존재예요.

그러니 몸과 마음이 가까울수록

상대방을 더 소중히 생각해야 해요.

12월

21일

공들이다

어떤 일을 이루는 데 정성과 노력을 많이 들이다.

"이 목도리는 정말 네가 **공들여서** 떴다는 게 느껴져."

"학급 게시판을 꾸미는 데 **공들인** 보람이 있네."

필사하기

공들여 만든 물건에서는

만든 사람의 노력과 애정이 느껴져요.

그렇게 정성껏 만들기 위해

얼마나 많이 노력하고 반복했을까요?

1월

8일

성급하다

급하게 서두르다.

"성급하게 굴면 일을 제대로 해낼 수 없어."

"성급한 성격을 고칠 수 있다면,
그림도 좀 더 완성도 있게 그릴 수 있지."

필사하기

성급한 사람은 늘 손해를 보게 돼요.

밥이 완성되기도 전에 뚜껑을 열면

설익은 밥을 먹게 되는 것처럼요.

완성도를 높이려면 성급한 마음부터 버려야 해요.

12월

20일

후천적

성질, 체질, 질환 따위가 태어난 후에 얻어진 것.

"글쓰기는 내가 후천적으로 노력해서 얻은 능력이야."

"노력해서 얻은 후천적인 능력은
타고난 능력보다 귀해."

필사하기

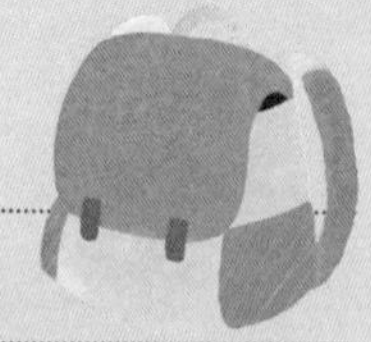

지금은 어설프고 부족하지만

반복해서 연습하고 치열하게 훈련하면

잘할 수 있는 능력을 얻게 되죠.

나는 그걸 후천적인 재능이라고 생각해요.

1월

9일

미루다

정한 시간이나 기일을 나중으로 넘기다.

"해야 할 일을 내일로 **미루는** 건 좋지 않아.
그럼 결국 일이 더 늘어나니까."

"자신이 해야 할 일을 남에게 **미루면**,
나는 발전하지 못하게 되지."

필사하기

오늘 해야 할 일을 내일로 미루면

내일의 내가 더 많은 일을 해야 해요.

그런 날들이 쌓이면

나는 아무것도 하지 못하는 사람이 돼요.

더 나은 내가 되려면 일을 미루지 말아야 해요.

12월

19일

기록

나의 하루를 남기기 위해 보고 듣고 느낀 것을 적은 것.

"일기장은 내 하루가 담겨 있는 소중한 기록이야."

"생각한 것을 기록으로 남기면, 누구나 작가가 될 수 있어."

필사하기

매일 내가 보낸 하루를 기록으로 남기면

내가 무엇을 중요하게 생각했으며,

무엇을 목표로 두고 살았는지

아주 오랫동안 기억할 수 있어요.

1월

10일

아슬아슬하다

일 따위가 잘 안될까 봐 마음이 조마조마하다.

"산 정상에 올라가서 내려다보면 더 **아슬아슬하지.**"

"다행이야, 오늘은 **아슬아슬하게** 지각을 면했네."

필사하기

아슬아슬한 차이로 무언가를 해낼 때도 있지만

반대로 실패할 때도 있어요.

하지만 나는 그런 결과에 크게 신경을 쓰지 않아요.

왜냐하면 과정에 모든 노력을 담았으니까요.

12월

18일

퉁명스럽다

못마땅하거나 시답지 아니하여
말이나 태도가 무뚝뚝하다.

"그렇게 **퉁명스러운** 말투로 대답하는 이유가 뭐야?"

"친구가 **퉁명스럽게** 구는 걸 보니
어제 내가 한 말에 기분이 상했던 것 같아."

필사하기

화가 났다고 직접 말하지 않아도
말투나 행동의 퉁명스러움은 티가 나요.
왜 화가 났는지도 말하지 않고
퉁명스럽게 구는 건
상대의 마음을 아프게 만드는 일이에요.

1월

11일

원인

어떤 사물이나 상태를 변화시키거나 일으키게 하는 근본이 된 일이나 사건.

"다른 가족들은 괜찮은데
나만 배탈이 난 **원인**을 모르겠어."

"실패의 **원인**을 차근차근 찾으면
다음에는 좀 더 나은 결과를 만들 수 있어."

필사하기

모든 결과에는 원인이 있어요.

자기가 속한 분야에서 성공한 사람들은

성공이라는 결과를 얻기 위해

어마어마한 노력을 기울였고, 때로는 실패도 했어요.

오늘 내가 보낸 하루가 미래의 나를 만들어요.

12월

17일

고상하다

품위나 몸가짐의 수준이 높고 훌륭하다.

"너는 같은 말을 해도 참 **고상하게** 말하는구나?"

"저기 있는 **고상한** 아름드리 소나무는
우리 학교의 상징이야."

필사하기

"우리 아이는 취미도 참 고상해."

이런 말을 들으면 이상하게 기분이 좋아요.

내가 좀 더 성장한 기분이 들거든요.

고상한 말을 하고, 고상한 취미로 하루를 채우면

나도 고상한 사람이 될 수 있어요.

1월

12일

무리

할 수 없거나 정도에서 지나치게 벗어남.

"아직 그건 내 능력으로는 무리야."

"사람들은 아직 무리라고 생각하겠지만,
나는 네가 조금만 더 노력하면 해낼 수 있다고 생각해."

필사하기

"아직 그건 너에게 무리야."라는 말을 들으면,

내가 해낼 수 없는 것 같아 속상해져요.

하지만 이렇게도 생각할 수 있어요.

'나라서 할 수 있는 게 있지 않을까?'

나는 '무리'라는 말에 나의 가능성을 가두지 않아요.

12월

16일

다르다

비교가 되는 두 대상이 서로 같지 않다.

"내 동생과 나는 성격이 정말 **달라**."

"서로 **달라서** 멋진 거니까, 같아지려고 하지 마."

필사하기

틀린 것과 다른 것을 구분할 줄 알아야 해요.

나와 다른 의견을 가진 친구는

틀린 게 아니라 다른 거죠.

"넌 틀렸어!"라는 말을 "너는 나와 다르구나?"로

바꿔 말할 수만 있다면, 세상이 더 다채롭게 보여요.

1월

13일

사라지다

어떤 물체나 감정 같은 것들이 없어지다.

"숙제를 다 하고 나니까 걱정이 **사라졌네.**"

"해가 반짝 났다가 흔적도 없이 **사라졌어.**"

필사하기

숙제를 하면 걱정이 사라지고 뿌듯함이 밀려와요.

해가 지면 달이 떠올라 은은하게 세상을 비추죠.

이렇듯 무언가가 사라지면 다른 무언가가 나타나요.

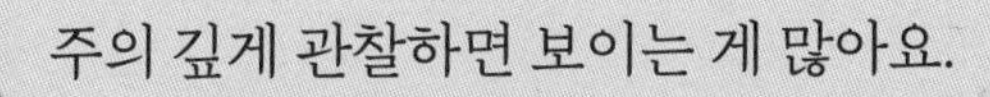

주의 깊게 관찰하면 보이는 게 많아요.

12월

15일

호화롭다

사치스럽고 화려한 느낌이 있다.

"이번 가족 여행에서 우리는
매우 호화로운 호텔에 머물렀어."

"좋은 집과 멋진 자동차로 가득한 호화로운 삶도 좋지만,
나는 사랑이 가득한 우리 집이 더 좋아."

필사하기

호화로운 것들은 화려하고 빛나 보이지만
속에 알맹이가 없다면 무의미해요.
우리 집이 가장 호화로운 공간인 이유는
그 안에 우리 가족이라는 사랑의 알맹이가
단단하게 자리잡고 있기 때문이에요.

1월

14일

전망

멀리 내다보이는 경치.

내다보이는 장래의 상황.

"산 꼭대기에 올라서면 멋진 **전망**을 볼 수 있지."

"이번 게임에서는 내가 이길 **전망**이 전혀 보이지 않아."

필사하기

높은 곳에 올라가면 전망이 참 좋아요.

아래에서는 만날 수 없었던

아주 먼 곳까지 보이거든요.

맑은 하늘과 탁 트인 풍경을 바라보면

내 하루도 전망이 좋을 것만 같아요.

12월

14일

협상

어떤 중요한 사항을 결정하기 위해서
여럿이 서로의 의견을 나눔.

"제대로 협상을 하려면, 내가 원하는 게 무엇인지 알고 있어야 해."

"너무 게임을 오래 하면 좋지 않지만,
나도 게임을 포기할 수는 없으니 협상이 필요해."

필사하기

"엄마, 나 게임 더 할 거야!"
"공부하기 싫어! 숙제도 안 해!"
이렇게 일방적으로 내 생각을 통보하면
엄마는 내 말을 들어줄 수 없어요.
원하는 것이 있다면 대화로 협상을 해야 해요.

1월

15일

더럽다

때나 찌꺼기 따위가 있어 지저분하다.

"장난감을 너무 어질러 놓아서 방이 더럽네."

"깨끗하게 먹지 않아서 식탁이 더러워졌어."

필사하기

놀 때는 즐겁죠. 먹을 때도 마찬가지예요.

하지만 즐기기만 하고 치우지 않는다면 어떻게 될까요?

더러운 방에서 지내고 싶지 않다면

내가 사용한 물건은 스스로 정리하고 치워야 해요.

12월

13일

초과하다

일정한 수나 한도 따위가 넘어가다.

"제한 시간을 **초과하면** 더는 문제를 풀 수 없어."

"엄마 심부름으로 마트에 갔는데
내가 먹고 싶은 과자까지 샀더니 예산을 **초과했어.**"

필사하기

매일 먹어야 하는 적정량을 초과해서 먹으면

결국 남는 영양분이 몸에 쌓여서 살이 쪄요.

다른 것들도 마찬가지예요.

적당한 수준을 넘어가게 되면

초과한 만큼 삶에 부담으로 쌓이게 되죠.

1월

16일

관점

사물이나 현상을 바라보는 생각의 태도.

"생각은 다 다를 수밖에 없어.
얼굴이 다른 것처럼 **관점**이 다르니까."

"다른 **관점**에서 나온 의견도
존중할 수 있어야 배울 수 있지."

필사하기

세상에는 다양한 사람이 있고,

세상을 바라보는 관점도 모두 달라요.

달라서 특별하고 가치가 있는 거죠.

모두의 관점을 존중하면

모두에게서 배울 수 있어요.

12월

12일

무수하다

헤아릴 수 없다.

"책만 읽으면 무수히 많은 질문이 쏟아져."

"하늘에 반짝이는 무수한 별을 보고 있으면
마음이 차분해지는 것 같아."

필사하기

도전할 수 있는 강한 용기와

과정을 버틸 수 있는 인내심이 있다면,

나는 나 자신에게 무수히 많은

기회를 선물할 수 있어요.

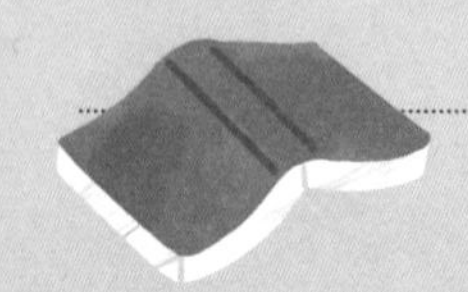

1월

17일

측정하다

일정한 양을 기준으로 하여 같은 종류의
다른 양의 크기를 재다.

"우리 같이 자를 이용해서 길이를 **측정해** 볼까?"

"올 여름 강우량을 **측정해서**
작년과 얼마나 차이가 나는지 비교해 보자."

필사하기

눈으로만 보면 정확하게 알 수 없어요.

줄자로 정확하게 측정해야

내가 작년보다 얼마나 더 커졌는지 알 수 있죠.

나도 모르는 새 나는 계속해서 자라고 있어요.

12월

11일

재촉

어떤 일을 빨리하도록 조름.

"자꾸 **재촉**하면 마음이 급해져서 평소 실력이 나오지 않아."

"아무리 **재촉**해도 잠이 오지 않아서 눈이 말똥말똥해."

필사하기

해내야 한다는 마음이 강하면 자신을 재촉하게 돼요.

하지만 마음이 급하면 오히려 평소보다 일을 망치게 되죠.

원하는 만큼 내가 잘 해내고 있지 못하더라도

재촉하기보다는 스스로 다독이며 안아 주세요.

1월

18일

직접

중간에 누가 개입하지 않고 스스로.

"뭐든 내가 **직접** 하는 게 좋아.
그래야 경험이 될 수 있지."

"그 일을 **직접** 경험한 사람이 아니면,
얼마나 고통스러운지 알 수 없어."

필사하기

내가 직접 하지 않고 남이 대신 해 준 일에서는

하나도 배울 수가 없어요.

힘들고 어렵더라도 직접 해 봐야

더 큰 나를 만들 수 있죠.

12월

10일

흩어지다

한데 모였던 것이 따로따로 떨어지거나 사방으로 퍼지다.

"학교가 끝나자마자 아이들은
뿔뿔이 **흩어져서** 집으로 갔어."

"내가 술래여서 눈을 감고 열을 셌더니
눈을 떴을 때는 모두 **흩어져서** 숨고 없었어."

필사하기

'뭉치면 살고 흩어지면 죽는다'라는 말이 있어요.

하나의 뜻을 모인 사람들이 모이면

그만큼 큰 힘을 발휘할 수 있다는 뜻이죠.

혼자서는 못할 일도,

함께하면 해낼 수 있어요.

1월

19일

구부리다

한쪽 방향으로 굽히다.

"선생님께 허리를 **구부리며** 인사했더니
예의 바른 어린이라며 칭찬해 주셨어."

"**구부러진** 길의 끝에 무엇이 있는지 궁금해."

필사하기

허리를 가볍게 구부리며 인사를 하면

내가 얼마나 좋은 마음을 갖고 있는지

상대방에게 전할 수 있어요.

인사는 내 마음을 전하기 위한 것이니까요.

12월

9일

거대하다

엄청나게 크다.

"파리에서 본 에펠탑은 그 규모가 정말 **거대했어.**"

"날씨가 추워서 옷을 껴입었더니
몸집이 마치 곰처럼 **거대해** 보이네."

필사하기

나는 '천재의 조건은 거대한 인내'라는 말을 좋아해요.

나도 꾸준히 인내하며 노력하면

천재가 될 수 있다는 희망을 품게 되니까요.

포기하지 않는다면 누구나 천재가 될 수 있어요.

1월

20일

희미하다

분명하지 못하고 어렴풋하다.

"너무 오래된 이야기라서 기억이 **희미하네.**"

"멀리서 나를 부르는 엄마 목소리가 **희미하게** 들려."

필 사 하 기

너무 멀리 서 있는 사람은 희미하게 보이죠.

사람도 기억도 마찬가지예요.

멀어지고 시간이 지나면 모두 희미해져요.

그래서 소중한 것들은 늘 가까이 두고

희미해지지 않게 자주 떠올려야 해요.

12월

8일

침체

어떤 현상이나 사물이 진전하지 못하고 제자리에 머무름.

"선생님께 혼난 이후로
우리 반 분위기가 영 **침체**되어 있는 것 같아."

"처음에는 의지가 넘치던 너였는데
요즘은 사기가 **침체**된 게 눈에 보여서 안타까워."

필사하기

안 좋은 일이 생겨서
가족들의 분위기가 침체되어 있을 때는
내가 할 수 있는 게 무엇일지 생각해 봐요.
용기 내어 먼저 따뜻한 말을 건넬 수도 있고
말없이 엄마, 아빠를 안아 줄 수도 있어요.

1월

21일

요약하다

말이나 글의 요점을 포착해서 짧게 간추리다.

"이 뉴스를 간단히 **요약한다면**,
뭐라고 말할 수 있을까?"

"너무 길게 말하면 이해하기 힘들지.
내용을 **요약해서** 말해 줄래?"

필 사 하 기

제대로 알지 못하기 때문에 길게 말하게 되죠.

진짜 아는 것은 짧게 요약해서 전달할 수 있어요.

생각하고 배운 것들을 짧게 요약하는

연습을 하면서 우리는 점점 지혜로워져요.

12월

7일

달성하다

목적한 것을 이루다.

"매일의 목표를 세워 놓으면
하나씩 **달성하는** 재미가 있어."

"이번 달에는 목표 독서량을
달성할 때까지 포기하지 말아야지."

필사하기

가끔 내가 세운 목표가 너무 커서
달성할 수 없겠다는 생각이 들면
오늘 당장 할 수 있는 것부터 차근차근 해 봐요.
한 계단씩 오르다 보면
어느새 마지막 계단에 도착해 있을 거예요.

1월

22일

짐작

사정이나 형편 따위를 어림잡아 헤아림.

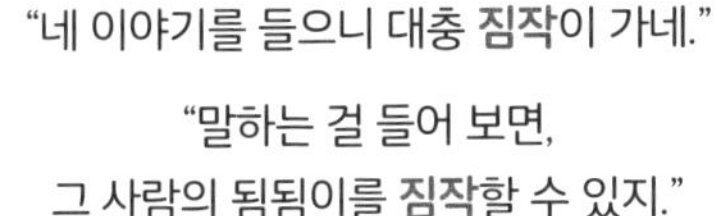

"네 이야기를 들으니 대충 **짐작**이 가네."

"말하는 걸 들어 보면,
그 사람의 됨됨이를 **짐작**할 수 있지."

필사하기

나는 짐작하는 걸 좋아해요.

짐작을 통해서 아직 경험하지 못한

다른 세상을 엿볼 수 있으니까요.

듣고 짐작하고, 보고 짐작하고.

짐작을 통해 나는 늘 새로운 사실을 깨달아요.

12월

6일

마땅하다

행동이나 대상 따위가 일정한 조건에 어울리게 알맞다.
그렇게 하거나 되는 것이 이치로 보아 옳다.

"강아지가 집에 혼자 있는데 **마땅히** 돌봐 줄 사람이 없어."

"네가 부탁을 하면, 내가 **마땅히** 가서 도와야지."

필사하기

학생은 마땅히 공부해야 하고,

부모님은 마땅히 가정을 돌봐야 하죠.

누구에게나 마땅히 해야 할 일이 있어요.

나의 마땅한 책임을 다해야

다른 사람에게 요구할 수도 있어요.

1월

23일

반드시

틀림없이 꼭.

"돈이 많다고 해서 반드시 행복한 건 아니야."

"올바른 사람은 자기가 한 말에 대하여
어떤 일이 있어도 반드시 책임을 지지."

필사하기

세상에 반드시 맞는 말은 없어요.

가진 게 많아야 행복하다는 말도

항상 맞는 건 아니죠.

다정한 말 한마디가 나를 더 행복하게 하기도 해요.

내 행복의 기준은 내가 정하는 거예요.

12월

5일

자취

어떤 것이 남긴 표시나 자리.

"분명 어제 책상 위에 두었는데,
아침에 보니 어디로 갔는지 **자취**를 찾을 수가 없어."

"밤이 되니 해는 **자취**를 감추고 둥근 보름달이 떴네."

필사하기

말에 향기를 품은 사람은
떠난 후에도 자취를 남겨요.
누군가에게 다정한 말, 따뜻한 말을 들으면
그 사람이 떠난 후에도
그날 하루가 은은하게 행복한 것처럼요.

1월

24일

비교적

다른 것과 견주어서 판단하는 것.

"우리 동네는 지하철역이 가까이 있어서
비교적 교통이 편리해."

"엄마가 이번에는 케이크를 **비교적**
공평하게 잘라 준 것 같아."

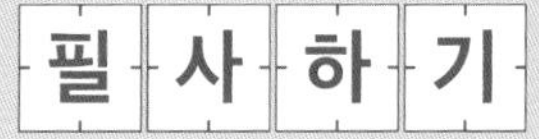

'비교적'이라는 말에는 섬세한 생각이 녹아 있어요.

다른 것과 견주어서 판단하게 해 주기 때문이죠.

판단하려면 깊은 생각이 필요하고,

깊이 생각해 보면 무엇이 옳고 그른지를

더 분명하게 볼 수 있어요.

12월

4일

기만하다

남을 속여 넘기다.

"정직하고 진실한 사람은 남을 기만하지 않아."

"내 동생을 기만하는 사람이 있으면
가만히 두지 않을 거야."

필사하기

최선을 다하지도 않았으면서
남에게 변명만 하는 사람은
스스로를 기만하는 사람이에요.
다른 사람은 눈치채지 못하더라도
스스로는 그 말이 기만이라는 사실을 알고 있죠.

1월

25일

변경하다

다르게 바꾸어 새롭게 고치다.

"고속도로에서 갑자기 차선을 **변경하면** 위험해."

"우리 이번 가족여행 계획을 이렇게 **변경하면** 어떨까?"

필사하기

이미 약속한 일을 변경할 때는

상대방에게 미안한 마음을 가져야 해요.

친구와의 약속을 변경할 때,

부모님이나 선생님과의 약속을 변경할 때

모두 이해를 구하는 마음으로 다가가야 해요.

12월

3일

좌절

마음이나 기운이 꺾임.

"**좌절**이 크다는 건 그만큼 네가 노력했다는 증거야."

"지독한 **좌절** 속에서도 희망을 놓지 않으면
결국 해낼 수 있어."

필사하기

우리는 모두 도전했다가 실패한 일이 아닌
실패할까 봐 시도도 하지 못했던 일 때문에
좌절하며 후회할 때가 많아요.
일단 도전해 본 사람은
실패했을지라도 후회는 하지 않아요.

1월

26일

타당성

어떤 판단이 가치가 있다고 인식되는 일.

"지금 네가 말한 것들은 **타당성**이 부족해."

"이번 시험에 대한 네 계획은 **타당성**이 없어 보여."

필사하기

타당성은 어떤 판단이나 생각의 가치를 살펴보는 말이라서

깊은 생각을 하려는 사람에게 꼭 필요하죠.

타당성이 있는지를 살펴보는 연습을 하면

다른 사람의 생각으로부터 새로운 것들을 배울 수 있어요.

그러다 보면 내 말과 행동도 더 가치 있게 변해요.

12월

2일

경고하다

조심하거나 삼가도록 미리 주의를 주다.

"저 선수는 반칙을 너무 많이 해서
이미 많은 **경고**를 받았어."

"엄마가 눈이 올 거라고 **경고했는데도**
우산을 안 들고 나왔다가 눈사람이 되어 버렸어."

필사하기

원하는 모든 것을 가질 수는 없지만,

이미 가지고 있는 것에 만족할 수는 있어요.

끝없이 더 많은 것을 가지고 싶어질 때

스스로에게 이렇게 경고해야 해요.

"이미 가지고 있는 것들을 소중히 여겨야 해."

1월

27일

분류하다

기준을 세우고 종류에 따라서 가르다.

"재활용할 물건들을 각각 **분류해서** 모아야,
좀 더 수월하게 버릴 수 있어."

"뒤섞여 있는 책들을 **분류하려면** 시간과 노력이 필요하겠지만,
일단 **분류하고** 나면 쉽게 관리할 수 있을 거야."

필사하기

기준에 맞춰서 무언가를 분류하는 건,

시간과 노력이 필요한 과정이에요.

하지만 그런 노력을 투자하지 않으면

세상은 혼란에 빠지게 되죠.

제대로 분류해야 효율적으로 관리할 수 있어요.

12월

1일

개척

새로운 영역, 운명, 진로 따위를 처음으로 열어 나감.

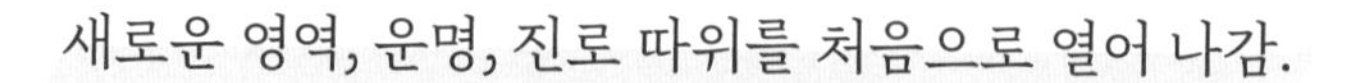

"누구든 열심히 노력하면 자기만의 운명을 **개척**할 수 있어."

"선생님은 한 번도 본 적 없는
수업 방식으로 새 영역을 **개척**하셨어."

필사하기

아무도 가 보지 않은 길을 처음 가는 일은 두려워요.

길을 잃을 수도 있고, 실패할 수도 있으니까요.

하지만 두려움을 딛고 한 발을 내딛는 사람은

새로운 영역을 개척할 수 있어요.

1월

28일

명백하다

의심할 바 없이 아주 뚜렷하다.

"너를 속인 친구들의 의도가 너무나 **명백하다**."

"내 잘못이 **명백한** 상황에서는
인정하고 반성할 줄도 알아야 해."

필사하기

'명백하다'라는 단어는 오랜 생각을 통해
어떤 것을 확실하게 주장할 수 있을 때 쓰는 말이에요.
다만 누군가의 결점이나 실수를 말할 때는
아무리 명백해도 조심할 필요가 있죠.

12월

1월

29일

평가하다

사물의 가치나 수준 따위를 평하다.

"자신의 실력을 **과대평가**하는 건 좋지 않아."

"너는 저 그림을 어떻게 **평가하니?**"

필사하기

누구나 무언가를 쉽게 평가할 수 있는 건 아니에요.

기준이 있는 사람만 평가를 할 수 있죠.

그래서 먼저 기준을 갖는 것이 중요해요.

그래야 나와 주변에 있는 모든 것들을

좀 더 정확하게 평가할 수 있어요.

11월

30일

놀리다

짓궂게 굴거나 흉을 보거나 웃음거리로 만들다.

"친구의 반응이 귀여워서 조금 심하게 **놀렸더니**,
화를 내고 집으로 가 버렸어."

"자꾸 겁쟁이라고 **놀리면**,
진짜로 겁쟁이가 될 수도 있어."

필사하기

나는 애정이 있어서 놀린 거여도,

상대방은 그렇게 생각하지 않을 수 있어요.

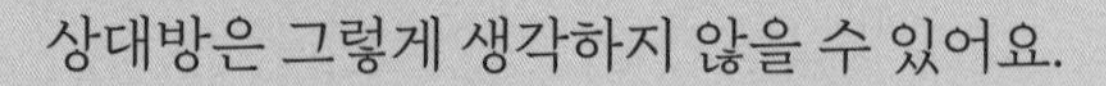

장난이 너무 짓궂어서 친구가 화를 냈다면

진심으로 사과하면서

나의 미안한 마음을 전해야 해요.

1월

30일

환기

탁한 공기를 맑은 공기로 바꿈.

"주말에는 창문을 활짝 열어서 **환기**를 시키자."

"자주 **환기**를 하지 않으면 건강에 안 좋아."

필사하기

특히 겨울에는 환기를 하기가 힘들어요.

창문을 열면 찬바람이 들어와서 몸이 움츠러드니까요.

하지만 조금 참고 기다리면,

상쾌한 공기가 들어와서 기분이 좋아질 거예요.

11월

29일

유발하다

어떤 것이 다른 일을 일어나게 하다.

“그런 무례한 태도는 상대의 반감을 유발할 수 있어.”

“친구네 집에 놀러 갔더니
내 흥미를 유발하는 물건들이 엄청 많더라고!”

필사하기

멋진 행동은 다른 멋진 행동을 유발해요.

친구의 따뜻한 말은 나의 배려를 유발하고,

나의 책임감 있는 모습은 선생님의 칭찬을 유발하죠.

나의 하루를 좋은 소식으로 채우기 위해

나는 오늘 어떤 멋진 행동을 할까 즐겁게 고민해요.

1월

31일

전문가

어떤 분야를 연구하거나 그 일에 종사하여
그 분야에 상당한 지식과 경험을 가진 사람.

"너는 어떤 분야의 **전문가**가 되고 싶어?"

"뭐든 오랫동안 반복하면 그 분야의 **전문가**가 될 수 있어."

필사하기

전문가는 단순히 많이 배운 사람이 아니라,
그 일을 많이 사랑하는 사람이에요.
사랑해야 진심으로 그 일을 대하며
제대로 배울 수 있으니까요.

11월

28일

자신감

자신이 있다는 느낌.

"친구들 앞에서 떨지 않고 발표했던 순간을 떠올려 보면 **자신감**을 가질 수 있어."

"**자신감**이 있는 사람은 눈빛부터 달라."

필사하기

늘 하던 일을 하든, 새로운 일을 하든
해낼 수 있다는 자신감을 가진 사람은
말하지 않아도 눈빛부터 달라요.
그런 사람에게는 저절로 마음이 향하게 되어 있죠.

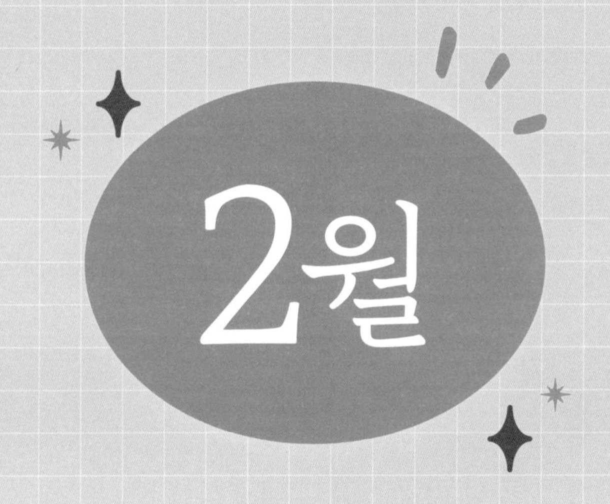
2월

11월

27일

유감스럽다

마음에 차지 아니하여 섭섭하거나
불만스러운 느낌이 남아 있는 듯하다.

"오늘은 드디어 그동안 갈고닦은 실력을 **유감없이** 발휘하는 날이야."

"친구를 왕따시키는 못된 아이가 우리 반에 있다니 정말 **유감이야**."

필사하기

가끔 너무 억울할 때가 있어요.

아무리 진실을 말해도 믿어 주지 않을 때죠.

그런 유감스러운 상황에서도 나는 흔들리지 않아요.

아무도 믿지 않아도 진실은 계속 진실로 존재하니까요.

2월

1일

서서히

동작이나 태도가 급하지 않고 느리게.

"정각이 되니까 열차가 **서서히**
움직이기 시작하는 것 같아!"

"날이 따뜻해지면 쌓인 눈도 **서서히** 녹기 시작할 거야."

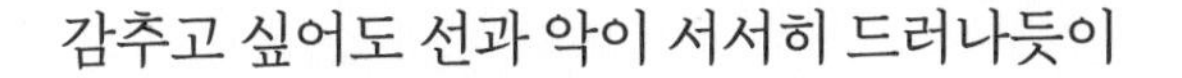
감추고 싶어도 선과 악이 서서히 드러나듯이

예쁜 말을 하는 사람과

못된 말을 하는 사람의 차이 역시

서서히 드러나게 되어 있어요.

그 사람이 아닌, 그 사람의 주변을 보면 알죠.

11월

26일

자존감

자기 자신을 소중히 대하며 품위를 지키려는 감정.

"자신의 가치를 믿으면 **자존감**도 높아져."

"내가 나를 신뢰하는 순간, **자존감**도 탄탄해지는 거야."

필사하기

자존감이 높은 사람은

주변의 평가에 흔들리지 않아요.

누가 뭐라고 해도 나의 가치는

훼손되지 않는다는 사실을 아니까요.

2월

2일

희귀하다

특이하거나 드물어서 매우 귀하다.

"이 동전은 좀처럼 보기 힘든 **희귀한** 동전이야."

"이 산에는 **희귀한** 식물이 진짜 많다."

희귀한 것들은 그만큼 더 소중해요.

평소에는 자주 볼 수 없는 희귀한 것들을 만나면

나 말고도 모두가 오랫동안 볼 수 있도록

정성껏 지켜줄 거예요.

11월

25일

철저하다

속속들이 꿰뚫어 미치어 밑바닥까지
빈틈이나 부족함이 없다.

"뭐든 **철저하게** 준비하면 후회나 망설임이 없어."

"우리 집 강아지는 내가 밖으로 나가는지 아닌지
철저하게 감시하고 있는 것 같아."

필사하기

평소에 이를 철저하게 닦으면
치과를 가지 않아도 되죠.
매일매일의 작은 습관만 철저하게 지켜도
건강과 행복을 유지할 수 있어요.

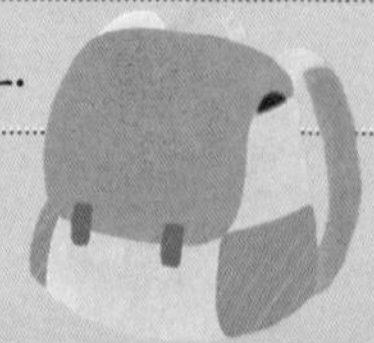

2월

3일

명료하다

뜨렷하고 분명하다.

"수학 문제는 언제나 답이 **명료해서** 좋아."

"설명을 간단하고 **명료하게** 해야,
듣는 사람이 쉽게 이해할 수 있지."

필사하기

자기 생각을 명료하게 말하는 사람은 매력적이에요.

하지만 명료하게 말하고 싶다면,

그만큼 충분히 생각하고 정리해야 하죠.

말이 잘 나오지 않을 때는,

듣는 사람의 입장에서 한번 생각해 봐요.

11월

24일

억압하다

자기의 뜻대로 자유로이 행동하지 못하도록
억지로 억누르다.

"의견도 내지 못하게 하는 건 우리를 너무 **억압하는** 거 아냐?"

"자꾸 생각을 **억압하고** 막으면
나중에는 제대로 생각하지 못하게 돼."

필사하기

명령과 억압의 말이 좋지 않은 이유는
사람의 생각을 자꾸 좁은 곳에 가두기 때문이죠.
나는 뭐든 생각할 수 있고 꿈꿀 수 있어요.
내 생각은 어디로든 갈 수 있어요.

2월

4일

엄격하다

말, 태도, 규칙 따위가 매우 엄하고 철저하다.

"군대는 각종 위험한 무기를 다루는 곳이라서,
특히 **엄격한** 질서가 필요해."

"사랑스러운 동생에게
너무 **엄격하게** 대하는 건 좋지 않아."

필사하기

위험한 장소일수록 엄격한 질서가 필요해요.

잘못하다가는 사고가 날 수도 있으니까요.

하지만 집에서는 달라요.

동생에게는 사랑으로 다가가는 게 좋아요.

11월

23일

대표하다

전체의 상태나 성질을 어느 하나로 잘 나타내다.

"나를 **대표하는** 단어 하나가 있다면 무엇일까?"

"우리나라를 **대표하는** 가수는 누구라고 생각해?"

필사하기

'나를 대표할 수 있는 게 뭘까?'

나는 가끔 이런 질문을 스스로 던져요.

그러면 답이 바로 나오지는 않아도,

자꾸 생각하면서

조금씩 나를 알아가게 되죠.

2월

5일

근거

내 의견에 대한 내용을 뒷받침해 주는 까닭.

"다른 의견을 가진 친구를 설득하려면
내 생각에 대한 **근거**가 있어야 해."

"넌 그렇게 생각하는구나,
그렇게 말하는 **근거**가 뭐니?"

필사하기

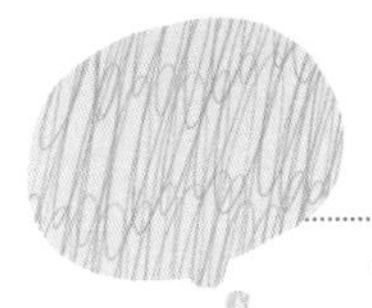

나와 생각이 다른 친구를 설득하려면

나에게 합당한 근거가 있어야 해요.

근거가 없으면 내 의견을 친구에게 잘 전달할 수 없죠.

그런 말은 혼자만의 생각에 불과해요.

11월

22일

조롱

비웃거나 깔보면서 놀림.

"못된 말로 친구를 **조롱**하는 건 나쁜 일이야."

"학교에서 바지에 오줌을 싼 아이가 있었는데,
아이들의 **조롱**거리가 되었지."

필사하기

친구가 내게 바보라고 말했다고

내가 정말 바보가 되는 건 아니에요.

조롱의 말은 내가 받지 않으면,

준 사람에게 다시 돌아가요.

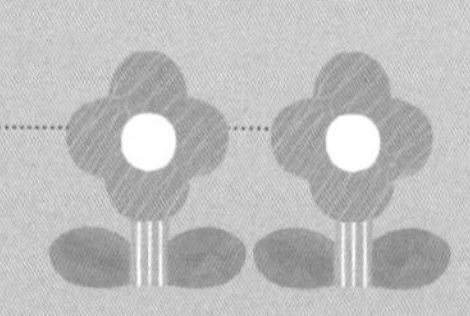

2월

6일

호기심

새로운 것을 좋아하거나 알고 싶어 하는 마음.

"**호기심**에 가득 찬 눈으로 세상을 보면,
남들이 발견하지 못한 것을 찾을 수 있어."

"**호기심**이 많은 사람은 배우는 것도 많지."

필사하기

호기심은 깨달음의 시작이에요.

호기심을 느껴야 배울 의지를 갖게 되니까요.

'여기에는 또 뭐가 있을까?'

'이건 어떻게 움직이는 걸까?'

나는 늘 호기심 가득한 시선으로 세상을 봐요.

11월

21일

태도

사람이나 어떤 상황을 대하는 마음가짐.

"선생님께서 수업 시간에
내 **태도**가 좋다고 칭찬해 주셨어."

"늘 의심하고 비관적인 **태도**로 살면
인생도 나쁜 일만 가득해져."

필사하기

비가 내리면 비를 피할 곳을 찾는 새가 있고,

아예 구름 위로 날아가 비를 피하는 새도 있어요.

상황을 대하는 태도가 달라지면 결과도 달라지죠.

매사에 늘 지혜로운 태도로 임하면,

하루하루가 더 근사해져요.

2월

7일

간신히

겨우 또는 가까스로.

"공이 바깥으로 나가기 전에 **간신히** 잡았어."

"너무 억울한 일이 있었는데,
엄마를 생각하며 **간신히** 눈물을 참았어."

필사하기

'간신히'라는 말에는 오늘 내가 해낸 일에 대한

애틋한 감정이 녹아 있어요.

오늘 내가 간신히 해낸 일이 있다면,

"잘했어!"라고 스스로를 칭찬해 주세요.

11월

20일

우기다

억지를 부려 의견을 고집스럽게 내세우다.

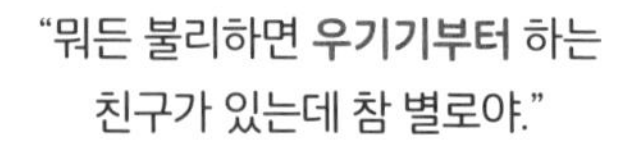

"뭐든 불리하면 **우기기부터** 하는
친구가 있는데 참 별로야."

"동생이 놀이동산에 가겠다고
하도 **우기는** 바람에 결국 오게 되었어."

필사하기

우기며 화를 내는 행동은

세상에서 가장 비싼 사치예요.

시간이라는 재산을 아무런 가치도 없는 일에

모두 소모하는 일이니까요.

정말 원하는 일이 있다면 우기지 않고 설득해야죠.

2월

8일

이득

이익을 얻음.

"그렇게 화를 내고 분노하면 너에게 무슨 **이득**이 있겠어?"

"부당한 **이득**을 취한 사람은 결국 벌을 받게 되지."

필사하기

갑자기 화가 나거나 분노를 참기 힘들 때

"화를 내는 게 나에게 이득일까?"라고 질문해요.

그러면 별 가치가 없는 분노를 내려놓고

마음을 차분하게 만들 수 있어요.

11월

19일

알맞다

일정한 기준, 조건, 정도 따위에 넘치거나 모자라지 않다.

"어제 산 신발이 나에게 딱 알맞은 것 같아."

"빈칸에 들어갈 말로 알맞은 것은 무엇일까?"

필사하기

책임감이 있는 친구는

우리 반을 이끄는 반장이 되면 알맞고,

꼼꼼하게 계획을 잘 세우는 친구는

학급 운영 계획을 세우는 일이 알맞아요.

2월

9일

반대

어떤 행동이나 결정에 따르지 않고 맞서다.

"그 애는 자기 생각이 워낙 확고해서
친구들이 다 반대해도 뜻을 굽히지 않더라고."

"고개를 반대로 돌려 보면,
짐작하지 못한 새로운 길을 볼 수 있지."

필사하기

모두가 내 의견에 늘 찬성만 할 수는 없어요.

반대하는 사람이 있기 마련이고,

그들의 생각을 듣고 고민하며

우리는 좀 더 생각을 확장할 수 있어요.

11월

18일

투덜거리다

작은 목소리로 자꾸 불평하고 투정부리다.

"가위바위보에 져서 그네를 타지 못하게 된 친구가 **투덜거리며** 집에 갔어."

"기분 상하는 일이 생기면 나도 모르게 **투덜거리게** 되더라."

필사하기

학교 갈 준비를 하느라
바쁜 아침에는 괜히 투덜거리게 돼요.
하지만 나는 우리 가족의 행복한 하루를 위해
투덜대기보다는 좀 더 서둘러 움직여서
사랑이 가득한 하루를 만들래요.

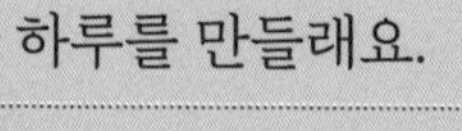

2월

10일

다르다

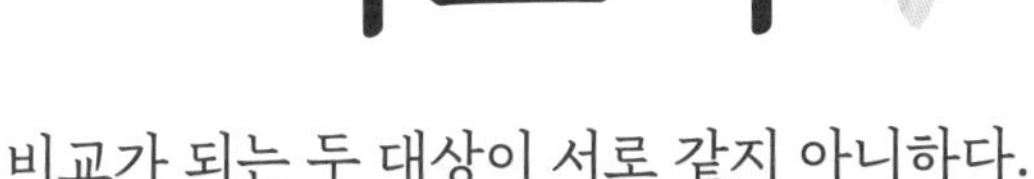

비교가 되는 두 대상이 서로 같지 아니하다.

"나와 내 동생은
형제인데도 **다르게** 생겼어."

"우리가 가족이어도
취향은 완전히 **다를** 수 있는 거야."

필사하기

틀린 것과 다른 것을 구분하는 건 중요해요.

친구와 나의 취미가 다른 것,

가족과 나의 취향이 다른 것은 틀린 게 아니에요.

다른 것을 존중할 때 나는 다양한 곳으로 손을 뻗어

더 많은 가능성을 흡수할 수 있죠.

11월

17일

어지럽다

모든 것이 뒤섞여서 구분할 수 없다.

물건들이 제자리에 있지 못하고 널려 있어 너저분하다.

"서로 자신이 옳다고 우기는 이 어지러운 상황을
어떻게 정리할 수 있을까?"

"방을 어지러운 상태로 방치하다가 엄마에게 혼이 났어."

필사하기

물건을 제때 정리하지 않고

아무렇게나 놔두기 시작하면

방이 금세 어지러워져요.

어지러운 공간에서는 내 몸도 편안할 수 없죠.

2월

11일

쫓아내다

밀려드는 졸음이나 잡념,
각종 유혹 따위를 아주 물리치다.

"졸음을 **쫓아내려면** 찬물 세수가 가장 효과적이지."

"나약한 정신을 **쫓아내려면** 의지를 강하게 다져야 해."

필사하기

늦잠, 과식, 게임, 유튜브 등
세상의 모든 달콤한 것들은
늘 우리를 유혹하죠.
그것들을 쫓아내려면 단호한 의지가 필요해요.
의지를 강하게 다지면 뭐든 쫓아낼 수 있어요.

11월

16일

찬란하다

빛깔이나 모양이 매우 화려하고 아름답다.

"너는 있는 그대로도 **찬란하게** 빛나는 사람이야."

"꽃잎이 햇살을 받아서 더 **찬란하게** 반짝이네."

필사하기

나의 하루는 찬란하게 빛나요.

지금은 미처 알지 못해도

시간이 흐른 뒤에 지금을 회상하면

얼마나 찬란하게 빛났는지 깨닫게 될 거예요.

2월

12일

부풀리다

어떤 일을 실제보다 과장되게 하다.

"소문을 **부풀려서** 말하는 사람은 정말 나쁜 사람이야."

"있는 그대로를 말하지 않고 **부풀리면**,
나중에 더 큰 비난을 받게 되지."

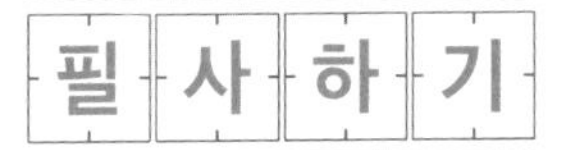

좋은 것을 부풀리는 일도

나쁜 것을 부풀리는 일도 바람직하지 않아요.

행동까지 멋진 사람은 나쁜 소문을 말하고 다니거나

과장해서 부풀리지 않아요.

그건 오히려 내 마음을 망치는 행동이니까요.

11월

15일

중단하다

중간에서 멈추다.

"아이들이 너무 시끄럽게 떠들어서
선생님이 결국 수업을 **중단하셨어.**"

"한창 경기가 진행되고 있었는데
한 선수가 다치는 바람에 경기가 **중단되었어.**"

필사하기

일이 내 마음처럼 되지 않는다고
중단하거나 포기하면 안 돼요.
천천히 가도 괜찮아요.
멈추지만 않는다면
언젠가는 목표에 닿을 수 있어요.

2월

13일

방법

어떤 일을 하거나 목적을 이루기 위한 나만의 방식.

"분명 이 문제를 해결할 새로운 **방법**이 있을 거야."

"새로 산 게임기의 사용 **방법**을 먼저 연구해야,
앞으로 멋지게 쓸 수 있지."

방법을 찾는 사람에게는

주변 사람이나 물건의 가치가 보이지만,

안 된다고 생각하는 사람에게는

단점과 나쁜 점만 눈에 보여요.

우리는 우리가 찾는 것만 발견할 수 있어요.

11월

14일

경탄

몹시 놀라며 감탄함.

"박물관에 있는 거대한 화석을 보니까
경탄하지 않을 수가 없었어."

"우리 엄마는 피아노 실력이 뛰어나서
연주를 들을 때마다 **경탄**하게 돼."

남들이 보지 않는 곳에서도

도덕을 실천하는 사람을 보면 경탄하게 돼요.

말로는 누구나 지켜야 한다고 하지만

아무도 보지 않을 때도

지키는 사람은 드물기 때문이에요.

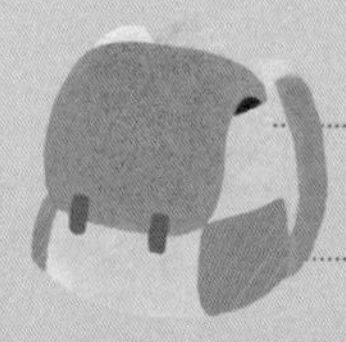

2월

14일

밀집하다

빈틈없이 빽빽하게 모이다.

"학원이 **밀집**해 있는 곳은 경쟁이 치열할 수밖에 없어."

"바다 근처에는 리조트 같은 휴양 시설이 **밀집**해 있지."

필사하기

한 동네에 수많은 식당이 밀집해 있으면

힘들고 어려운 경쟁을 피할 수 없어요.

우리가 사는 세상도 마찬가지예요.

수많은 사람 사이에서 나를 내세울 수 있는

무기가 있어야 해요.

11월

13일

중재하다

분쟁에 끼어들어 쌍방을 화해시키다.

"우리 셋이 함께 있으면 항상 너네 둘이 싸우고
나는 **중재하는** 역할을 맡는 것 같아."

"네가 **중재해** 준 덕분에 우리가 빨리 화해했던 것 같아."

필사하기

친한 친구들이 싸우고 있을 때

중재하는 건 참 어려워요.

그래도 끼어들어서 화해시키고 싶은 이유는

모두 다 소중한 친구들이어서

서로의 마음이 상하지 않기를 바라기 때문이에요.

2월

15일

편파적

공정하지 못하고 어느 한쪽으로 치우친 것.

"축구 경기에서 심판이 **편파적인** 판정을 내리면
나중에 큰 문제가 생길 수 있어."

"너는 그 친구랑 더 친하니까
편파적으로 그 친구 편만 드는 거 아니야?"

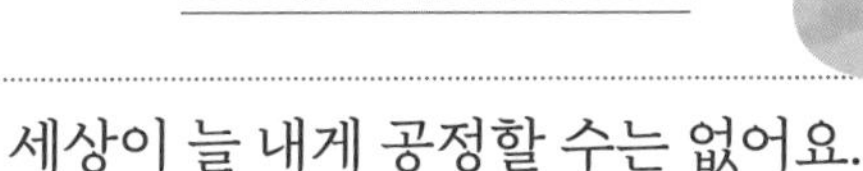

세상이 늘 내게 공정할 수는 없어요.

간혹 편파적인 판정을 내릴 수도 있죠.

그건 내가 어떻게 할 수 없는 부분이에요.

다만 그럼에도 불구하고 다시 일어나서

멋지게 달리는 건 언제든 스스로 선택할 수 있어요.

11월

12일

반박하다

어떤 의견, 주장, 논설 따위에 반대하여 말하다.

"내 의견에 **반박**하고 싶다면
타당한 근거를 말해 봐."

"듣고 보니 친구의 **반박**도 맞는 말이어서
수긍할 수밖에 없었어."

필사하기

나의 의견에 반박한다고 해서
무조건 틀린 의견은 아니에요.
친구의 말을 끝까지 듣고 어떤 의견이 옳은지
곰곰이 생각해 볼 수 있어야
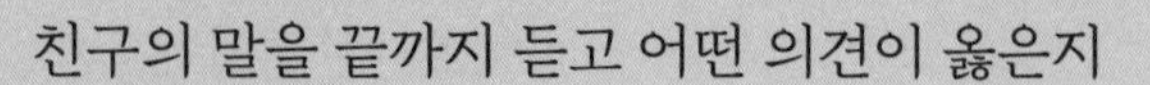
성숙한 태도이죠.

2월

16일

수준

사물의 가치나 질의 기준이 되는 일정한 표준.

"같은 체육 수업을 들었는데도
저 친구의 달리기 **수준**은 남달라."

"**수준** 높은 예술 작품을 감상할 때는 안목이 필요해."

필사하기

세상을 바라보는 수준은 모두 달라요.

우리는 각자 자기 수준에 맞게 세상을 바라보죠.

수준 높은 음악과 예술 작품을 자주 감상하며

나의 수준을 끌어올리려는

노력을 해야 해요.

11월

11일

자랑스럽다

남에게 드러내어 뽐낼 만한 데가 있다.

"내가 우수상을 받았다고 **자랑스러워하시는** 부모님을 보니까 내 마음까지 뿌듯하더라."

"너는 오늘 했던 일 중에 어떤 일이 가장 **자랑스러웠어?**"

필사하기

누군가를 자랑스럽게 여기는 마음도 소중하지만,

세상에서 가장 자랑스러운 사람은

나 자신이라는 것을 잊어버리면 안 돼요.

실수해도, 잘하지 못해도

나는 늘 나의 자랑이에요.

2월

17일

다른 것에 비하여 특별히 눈에 뜨이는 점.

"이 그림의 **특징**은
어두운 색보다 밝은 색이 주로 쓰였다는 거야."

"너는 이 노래의 **특징**이 뭐라고 생각하니?"

필사하기

좋아하는 그림이나 노래의 특징을 곰곰이 생각해 봐요.

그러면 더 깊이 이해할 수 있게 돼요.

사물의 특징을 잘 알아보는 사람은

세상을 더 섬세하게 보는 사람이에요.

11월

10일

기이하다

기묘하고 이상하다.

"이 숲은 참 으스스해서
왠지 **기이한** 일이 벌어질 것만 같아."

"나는 어릴 때부터 잠버릇이
기이하다는 소리를 많이 들었어."

필사하기

독서가 중요하다는 사실을 잘 알고 있으면서도
우리는 게임이나 스마트폰을 하느라
더 많은 시간을 보내요.
말과 행동이 일치하지 않는
참 기이한 현상이에요.

2월

18일

불안정하다

안정성이 없거나 안정되지 못한 상태이다.

"기분이 **불안정한** 상태일 때는
일단 휴식을 취하는 게 좋아."

"발표하는 사람의 말투와 시선이 **불안정하면**
보는 사람에게 신뢰를 줄 수 없어."

긴장되거나 화가 날 때 내 모습은 불안정해요.

하지만 그럴 때 내가 나의 감정을 제어하지 못하면

다른 사람에게 믿음을 줄 수 없어요.

긴장되고 화가 날 때도

나는 차분하기 위해 노력할 거예요.

11월

9일

과장하다

사실보다 지나치게 불려서 나타내다.

"네가 본 것 그대로를 **과장하지** 말고 이야기해 봐."

"가진 것을 **과장해서** 말하는 사람은
반드시 티가 나게 되어 있어."

필사하기

잘 보이고 싶거나 멋져 보이고 싶을 때
내가 가진 것을 과장하게 되죠.
하지만 굳이 과장하지 않아도 괜찮아요.
나는 내 모습 그대로 충분히 멋지니까요.

2월

19일

일시적

짧은 한때의 것.

"그런 **일시적인** 대응으로는 문제를 해결할 수 없어."

"혼란스러운 상황에서는 **일시적으로** 착각할 수도 있지."

필사하기

일시적으로는 누군가를 속일 수 있지만

영원히 거짓말을 할 수는 없어요.

거짓말은 언젠가 탄로가 나기 때문이에요.

그러니 먼 미래까지 생각한다면

진실을 말하는 모습이 가장 아름다워요.

11월

8일

상습적

좋지 않은 일을 버릇처럼 하는 것.

"너, 계속 그렇게 **상습적**으로 지각하면
선생님께 크게 혼날걸?"

"안 좋은 습관일수록 달콤해서
상습적으로 하게 돼."

필사하기

한두 번은 봐줄 수 있지만

나쁜 행동을 상습적으로 하는 사람은

반드시 스스로 돌아볼 필요가 있어요.

나쁜 습관을 빨리 고치지 않으면 평생 고생해요.

2월

20일

전형적

어떤 부류의 특징을 가장 잘 나타내는 것.

"이 건물은 대도시에 있는 **전형적인** 아파트처럼 생겼네."

"구름 하나 없이 맑은 하늘이 **전형적인** 한국의 가을 날씨야."

필사하기

잘 보면 학교는 학교끼리, 아파트는 아파트끼리

비슷한 특징이 있다는 사실을 알 수 있어요.

이런 특징을 '전형적'이라고 해요.

우리 동네에는 또 어떤 전형적인 모습이 있을까요?

관찰하면서 걷다 보면 우리 동네가 새로워 보일 거예요.

11월

7일

얌전하다

성품이나 태도가 침착하고 단정하다.

"이 강아지는 크게 짖지도 않고 참 **얌전하네**."

"**얌전히** 앉아서 손을 들었더니
선생님이 먼저 발표할 기회를 주셨어."

필사하기

얌전하게 앉아

가만히 책을 읽는 사람의 모습을 보면

내 마음도 편안하고 차분해져요.

그 사람의 침착하고 단정한 마음이

나에게도 전달되기 때문이에요.

2월

21일

분명하다

태도나 목표 따위가 흐릿하지 않고 확실하다.

"떨지 않고 **분명하게** 발음하면
더 멋지게 내 생각을 전할 수 있지."

"조금만 더 열심히 노력하면,
우리의 승리는 더 **분명해져**."

확신에 찬 사람만이 '분명하다'라는
말을 자신 있게 사용할 수 있어요.
늘 흐지부지하게 말하고 행동하는 사람들은
자신에 대한 확신이 부족해서 그렇죠.

11월

6일

회의적

어떤 일에 의심을 품는 것.

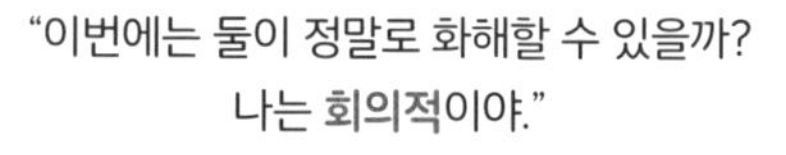

"이번에는 둘이 정말로 화해할 수 있을까?
나는 회의적이야."

"매사에 회의적인 태도로 살면
될 일도 안 되는 거야."

필사하기

나의 하루는 나의 생각으로 꾸미는 정원이죠.

늘 미래를 기대하며 꿈꾸는 사람은

갖가지 색의 꽃들로 정원이 향기롭지만

매사에 회의적이고 비관적인 사람은

잡초가 가득해 정원에 악취만 풍길 거예요.

2월

22일

해결책

어떠한 일이나 문제 따위를 해결하기 위한 방책.

"우리 같이 **해결책**을 찾아 보자."

"어려운 이웃을 돕고 싶다면,
함께 고민해서 **해결책**을 찾아야지."

필사하기

혼자 고민하면 해결할 수 없는 문제도

함께 생각하면 답을 찾을 수 있어요.

서로를 의지하며 사랑하는 '함께'의 힘은

생각보다 강력하고 아름다워요.

11월

5일

사색

어떤 것에 대하여 깊이 생각하고 이치를 따짐.

"창밖으로 펼쳐진 풍경이 아름다워서
저절로 **사색**에 잠기게 되었어."

"책을 읽고 **사색**하는 시간을 가지면,
읽은 것을 나만의 지식으로 만들 수 있어."

필사하기

가을은 책의 계절이지만

사색의 계절이기도 해요.

책을 읽다 보면 저절로 사색에 빠지게 되거든요.

차분히 앉아 고요히 사색하는

내 모습은 참 근사해요.

2월

23일

연관

사물이나 현상이 일정한 관계를 맺는 일.

"이번 일과 그 일은 전혀 **연관**이 없어."

"지난 번에 했던 이야기랑 지금 이야기는
전혀 **연관성**이 없는 것 같은데."

필사하기

자동차와 선풍기는 기계라는 연관성이 있고,

나와 부모님은 가족이라는 연관성이 있죠.

또 어떤 것들이 서로 연관되어 있을까요?

연관된 것들을 찾다 보면 세상이 새롭게 보여요.

11월

4일

고정하다

한번 정한 대로 변경하지 아니하다.
한곳에 꼭 붙어 있거나 붙어 있게 하다.

"우리 약속 장소를 **고정해** 놓고 만날까?"

"공을 찰 땐 시선을 공에 **고정하고** 차는 게 중요해."

필사하기

일상에서 벌어지는 일들은 고정되어 있지 않아요.

하루 중에는 기쁜 일도 있고, 설레는 일도 있고,

귀찮은 일도 있고, 화나는 일도 있죠.

하지만 나는 평온함에 내 감정을 고정시킬 거예요.

그러면 내 마음도 금세 고요해질 테니까요.

2월

24일

정확하다

바르고 확실하다.

“그 친구는 영어 발음이 미국 사람처럼 **정확하던데.**”

“엄마는 간을 볼 때 정말 대충하는 것 같은데,
놀랍게도 맛을 보면 늘 **정확해.**”

필사하기

초보자는 주어진 일을 정확하게 해내기 어려워요.

아직 충분한 경험이 쌓이지 않았기 때문이에요.

하지만 노력한 시간이 쌓이면

겉에서 볼 때는 대충하는 것처럼 보여도

기계보다 정확하게 해낼 수 있게 돼요.

11월

3일

차분하다

마음이 가라앉아 조용하다.

"**차분하게** 말하는 것도 너의 장점이야."

"감정을 제어할 수 있는 사람만이
늘 **차분한** 마음을 유지할 수 있어."

필사하기

나는 어떤 상황에서도 자신을 잃지 않아요.

덕분에 차분한 감정을 유지할 수 있죠.

나는 내가 생각하는 것보다 강해요.

나는 내 감정을 제어할 수 있어요.

2월

25일

사로잡다

사람이나 짐승 따위를 산 채로 잡다.

생각이나 마음을 온통 한곳으로 쏠리게 하다.

"동영상에서 사람이 호랑이를 **사로잡**는 장면을 봤는데 놀랍더라."

"뛰어난 연주 실력으로 청중을 **사로잡**는 피아니스트를 보면 부러워."

필사하기

귀는 365일 24시간 내내 열려 있지만,

입은 언제든 닫을 수 있어요.

누군가의 마음을 사로잡는 말을 하고 싶다면

입은 잠시 닫고 열려 있는 귀로

그 사람의 말을 먼저 들어야 해요.

11월

2일

대견하다

흐뭇하고 자랑스럽다.

"그런 멋진 생각을 하다니. 대견하네, 내 동생."

"누가 시키지 않았는데도 길가의 쓰레기를 주워서
쓰레기통에 버리는 내 모습이 스스로 대견하게 느껴졌어."

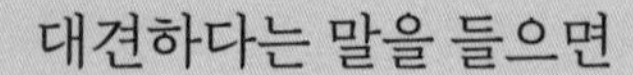

수고했다는 말을 들으면 고생한 기분이지만,

대견하다는 말을 들으면

칭찬할 만한 가치가 있는 일을

해낸 기분이라 좋아요.

한마디 말이 사람의 기분까지 바꾸죠.

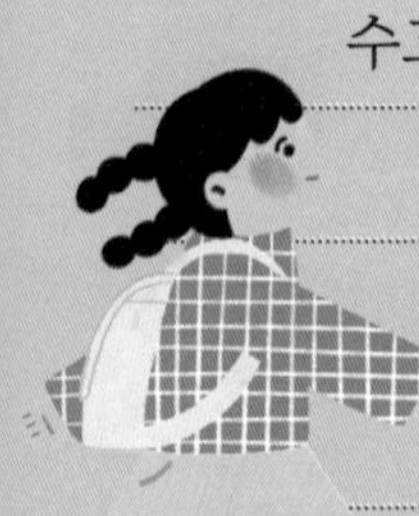

2월

26일

포함하다

어떤 사물이나 현상 가운데
함께 들어가게 하거나 함께 넣다.

"우리 반은 나를 **포함해서** 모두 25명이야."

"오늘 배운 내용도 시험 범위에 **포함된다고** 하더라."

필사하기

나는 우리 반에도 포함되어 있고,

우리 가족에도 포함되어 있어요.

어딘가에 내가 포함되어 있다는 말은

내가 소중한 존재라는 사실을

깨닫게 해 줘요.

11월

1일

유일하다

오직 하나밖에 없다.

"나의 유일한 취미는 좋아하는 음악을 즐기며
아무 생각도 안 하는 거야."

"우리 동네에 있는 유일한 중국집이 바로 저기야."

필사하기

누구에게나 유일해서 소중한 것들이 있어요.

엄마와 아빠도 유일하고,

하나밖에 없는 내 장난감도 유일하죠.

그리고 또 하나, 나도 유일해서 소중해요.

2월

27일

체계적

자기만의 원칙으로 짜임새 있게 구분한 것.

"체계적으로 계획을 세우고 공부를 하면,
시간을 효율적으로 활용할 수 있지."

"생각을 체계적으로 정리하지 않으면,
글쓰기를 제대로 할 수 없어."

계획을 세우지 않고 무작정 시작하면

그 결과도 체계적이지 않게 돼요.

책 한 권을 읽더라도 체계적으로 계획하고

정성을 다해서 읽어야 해요.

11월

2월

28일

확인하다

틀림없이 그런지 알아보거나 인정하다.

"선생님이 내 주신 숙제가 뭐였는지 다시 **확인**해 봐야겠다."

"지금 먹는 그 빵, 유통기한이 언제까지인지 **확인했지**?"

필사하기

숙제도, 음식의 유통기한도

꼼꼼하게 확인하지 않으면 문제가 생길 수 있어요.

가끔은 불편하고 귀찮을 때가 있지만

그 이상의 가치가 있으니 나는 할 수 있어요.

10월

31일

미루어 생각하여 헤아림.

"내 추측이 맞다면, 쟤네 둘은 서로 좋아하는 게 분명해!"

"날씨가 흐린 걸 보니 내 추측으로는 곧 비가 올 것 같아."

필사하기

추측은 맞을 때도 있고 틀릴 때도 있어요.

내가 다 안다고 생각하는 상황에서도

예상하지 못한 일이 생길 수 있으니까요.

결과가 나올 때까지는 아무도 확신할 수 없죠.

3월

10월

30일

웅장하다

규모가 거대하고 성대하다.

"우리 동네에 있는 성당은 건물이 정말 **웅장해**."

"선생님이 들려주신 클래식 음악은
끝으로 갈수록 화려하고 **웅장한** 느낌이 들었어."

필사하기

조용한 사람들의 마음속이

가장 소란스러워요.

속으로 웅장한 생각을 하고 있어서,

입을 열지 않고 집중하고 있는 거죠.

3월

1일

증명

어떤 사항이나 판단이 진실인지 아닌지
증거를 들어서 밝힘.

"자신이 한 말을 **증명**하려면, 실천으로 보여 줘야 하지."

"누가 옳고 그른가는 시간이 **증명**해 줄 거야."

필사하기

언제나 말보다는 실천이 더 중요해요.

증명은 말이 아니라 실천으로 보여 주는 거예요.

실천으로 증명하는 삶을 살면

누구에게나 믿음을 주는 사람이 될 수 있어요.

10월

29일

품위

사람이 갖추어야 할 위엄이나 기품.

"**품위** 있는 태도는 사람을 돋보이게 해."

"힘든 상황 속에서도 끝까지 **품위**를 잃지 않으면
내가 얼마나 가치 있는 사람인지 보여줄 수 있어."

필 사 하 기

품위 있는 사람은 억지로 꾸며 내거나

남을 비난하며 나를 추켜세우지 않아요.

품위는 내가 먹고 입는 것에서 나오는 게 아니라

나의 말과 행동 그리고 눈빛에서 나오죠.

3월

2일

깔끔하다

생김새 따위가 매끈하고 깨끗하다.

"우리 동네는 유난히 거리가 깨끗하고 **깔끔**해."

"옷차림새가 **깔끔**한 사람은 좋은 인상을 줄 수 있지."

필사하기

새 학기, 친구들을 처음 만나는 날에는

말과 마음도 단정히 해야겠지만

옷과 머리도 깔끔하게 해야 해요.

그래야 친구들에게 호감을 주는 사람이

될 수 있으니까요.

10월

28일

관대하다

마음이 너그럽고 크다.

"내가 잘못한 일인데도 **관대한** 마음으로 용서해 줘서 고마워."

"잘못했을 때 진실한 마음으로 용서를 구하면, 부모님이 **관대한** 처분을 내릴 수도 있어."

필사하기

관대한 마음을 가진 사람은

자신에게만 너그러운 것이 아니라

다른 사람에게 더 너그러워요.

사랑하는 마음이 있으면 관대하게 볼 수 있어요.

3월

3일

낯설다

전에 본 기억이 없어 익숙하지 않다.

"피아노를 배운 지 얼마 되지 않아서
아직은 건반이 **낯설** 수 있어."

"**낯선** 사람이 알은척을 하면, 조심하는 게 좋아."

필사하기

처음 시작하는 것들은 모두 낯설어요.

피아노 건반도 처음에는 낯설지만,

연습을 반복하면 곧 익숙해지고

나중에는 내 몸처럼 잘 다룰 수 있게 돼요.

10월

27일

어리둥절하다

무슨 영문인지 잘 몰라서 얼떨떨하다.

"네가 갑자기 말을 바꿔서, 나는 지금 어리둥절해."

"가끔 동생이 엉뚱한 소리를 해서
가족 모두가 어리둥절한 표정을 지을 때가 있어."

필사하기

갑자기 대화의 흐름에 맞지 않는 말을 하면

사람들은 어리둥절하게 되죠.

대화를 나눌 때는 자신이 하고 싶은 말이 아니라,

흐름에 맞는 말을 하는 게 중요해요.

3월

4일

원칙

주변의 변화에 상관없이
일관되게 지켜야 하는 기본적인 규칙.

"우리 집은 가족들이 돌아가면서 분리배출을 하는 게 **원칙**이야."

"아무도 지키는 사람이 없는데 이걸 **원칙**이라고 할 수 있을까?"

필사하기

우리는 다양한 사람들과 함께 어울려 지내며
수많은 선택의 상황을 마주해요.
나만의 원칙이 없으면 그럴 때마다
스스로 선택하지 못하고
다른 사람의 말을 따라가게 되겠죠.

10월

26일

환대

반갑게 맞아 정성껏 후하게 대접함.

"어제는 우리 반에 전학생이 와서 모두 함께 환대해 주었어."

"생각보다 더 기쁜 마음으로 환대해 주셔서 감사합니다."

필사하기

매일 아침마다 나에게 주어지는

새로운 하루를 기쁜 마음으로 환대해요.

그러면 그 하루도 나에게

어제와는 다른 행복을 가져다주며

보답할 거예요.

3월

5일

때문

어떤 일의 원인이나 까닭.

"내 친구는 치통 **때문**에 공부를 못 하고 있어."

"이런 사소한 일 **때문**에 도전을 포기한다면,

앞으로 어떤 일도 제대로 할 수 없지."

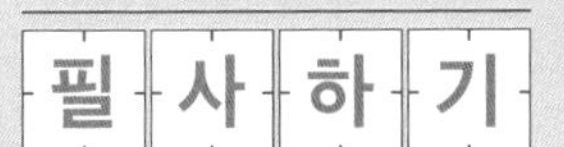

'때문에'라는 말은 이유를 설명할 수 있게 해 줘요.

매일 우리가 머무는 다양한 공간에서

"왜 그럴까?"라는 질문을 던지고

생각할 수 있다면

더 많은 것을 발견하고 설명할 수 있어요.

10월

25일

수확하다

익거나 다 자란 농수산물을 거두어들이다.

"작년에 **수확해서** 보관했던
감자를 먹었는데 아직도 맛있더라."

"봄에 심은 벼를 가을에 **수확하기**까지
농부들이 얼마나 많은 땀을 흘리셨을까?"

필사하기

최대의 성과와 기쁨을 수확하는 비결은
'그럼에도 불구하고 도전하는' 삶에 있어요.
농사를 짓는 일도 처음에는 막막해요.
하지만 포기하지 않으면
결국 기쁨을 만나게 되죠.

3월

6일

피곤하다

몸과 마음이 지치어 고달프다.

"어젯밤에 숙제를 몰아서 했더니
오늘 너무 **피곤하다**."

"학교 끝나고 친구들이랑
축구를 열심히 했더니 **피곤하네**."

필사하기

해야 할 일이 밀려 있으면 한 번에 몰아서 하게 돼요.

동시에 많은 일을 하면 피곤해지죠.

그러면 다음 날의 나에게도 영향이 가요.

그날 해야 할 일은 미루지 않고 해내는 습관을 들여야 해요.

나는 오늘 해야 할 일을 내일로 미루지 않을 거예요.

10월

24일

숙고하다

곰곰이 잘 생각하다.

"어려운 문제도 오랫동안 숙고하면
방법을 찾을 수 있어."

"학원을 옮기는 게 나을지
몇 날 며칠 동안 숙고해 봤어."

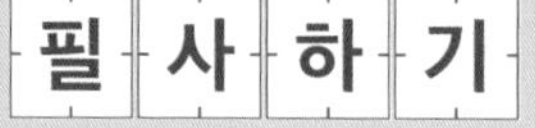

실타래처럼 엉켜 있는 문제도

숙고해 보면 잘 풀 수 있어요.

어떤 문제든 충분히 숙고할 줄 아는 사람은

반드시 정답을 찾게 되어 있죠.

3월

7일

부여하다

사람이나 사물, 일에 가치나 의의 따위를 붙여 주다.

"그 지우개에 특별히 의미를 **부여하는** 이유가 있니?"

"군인은 자신에게 **부여된** 임무를 완수해야 하지."

필사하기

의미와 가치는 내가 부여하는 거예요.

내가 특별히 아끼는 물건이나 친구가 있다면

내가 그 물건이나 친구에게

소중한 가치를 부여했다는 뜻이에요.

10월

23일

살금살금

남이 알아차리지 못하도록 눈치를 살펴 가면서
살며시 행동하는 모양.

"고양이가 살금살금 다가오더니 내 품에 안겼어."

"동생이 나를 놀라게 하려고 살금살금 다가오는데
모른 척하고 있기가 힘들더라고."

필사하기

얼마 전까지도 정말 더운 여름이었는데,

어느새 낙엽이 지는 가을이에요.

그리고 겨울은 내가 모르는 새에

고양이처럼 살금살금 곁으로 다가오고 있죠.

계절은 살금살금 움직이지만 참 빨라요.

3월

8일

금지하다

서로 약속하고 어떤 행위를 하지 못하도록 하다.

"우리 부모님은 내가 게임을 하는 걸 **금지하셨어**."

"여기는 외부인의 출입을 **금지한** 곳이라 나가야겠다."

필사하기

부모님은 왜 게임을 금지할까요?

내가 게임만 하느라 해야 할 일을 소홀히 하기 때문이에요.

금지당하고 싶지 않다면, 게임에만 빠지지 않고

해야 할 일을 성실히 하는 모습을 보여 주세요.

10월

22일

불어넣다

어떤 생각이나 느낌을 가질 수 있도록
영향이나 자극을 주다.

"너의 격려와 위로가 나에게 큰 힘을 불어넣어 주었어."

"이 노래는 아이들에게 용기와 희망을 불어넣는
예쁜 가사가 매력적이야."

필사하기

생각은 나의 감정을 담는 풍선과도 같아요.

그 안에 희망을 불어넣으면 희망찬 생각을 하게 되지만

절망을 불어넣으면 절망으로 가득 찬 생각만 하게 되죠.

생각은 내가 불어넣는 감정의 결과예요.

3월

9일

허락하다

상대가 요청하는 일을 하도록 들어주다.

"내 자존심이 친구에게 고개 숙이는 걸 **허락하지** 않아."

"선생님이 **허락하신다면** 시험을 다시 보고 싶다."

필사하기

허락은 스스로에게 할 때도 있고,

반대로 누군가에게 요청할 때도 있어요.

다른 사람에게 허락을 구하려면

나도 다른 사람의 요청을

들어줄 줄 알아야 해요.

10월

21일

인내하다

괴로움이나 어려움을 참고 견디다.

"무언가를 해내려면 반드시 **인내한** 시간이 필요해."

"마라톤 선수들을 보면 참 **인내심**이 대단한 것 같아."

필사하기

삶의 귀한 것들은

모두 오랜 시간 인내해야 가질 수 있어요.

좋은 성적, 멋진 몸, 깊은 지혜와 글쓰기 능력까지.

나는 내가 원하는 것들을 가지기 위해

인내할 준비가 되어 있어요.

3월

10일

명성

세상에 널리 퍼져 평판 높은 이름.

"어떤 분야든 **명성**을 얻으려면,
그만큼 오랫동안 노력해야 해."

"이번에 세계적으로 **명성**을 떨치는 발레단이
한국에 온다고 하더라."

필사하기

무언가 하나를 꾸준히 반복한 사람은

어떤 분야에서든 실력을 갖추게 되고,

자연스럽게 명성을 얻게 돼요.

나는 그 과정이 비록 힘들더라도

아름다울 거라는 사실을 알고 있어요.

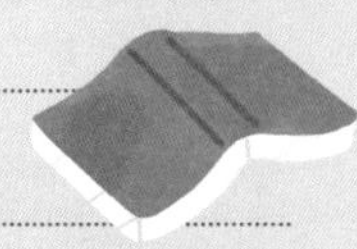

10월

20일

참조하다

참고로 비교하고 대조하여 보다.

"내가 기억하는 내용이 맞는지 확인하려고
교과서를 **참조해** 봤어."

"이 게임기의 자세한 작동법이 알고 싶으면
설명서를 **참조하면** 돼."

필사하기

확실하게 알지 못할 때는

그 분야의 전문가가 쓴 글을 참조해 보면 돼요.

그러면 혼자 열심히 탐구할 때보다

아는 데까지 걸리는 시간이 줄어들어요.

3월

11일

해명하다

까닭이나 내용을 풀어서 밝히다.

"오해를 풀고 싶다면 네 잘못에 대해서 **해명해야** 할 거야."

"어제 나한테 심한 말을 했던 친구가
메시지로 **해명**을 보내 줬어."

필 사 하 기

친구와 놀다가 오해가 생겼다면

진실한 마음으로 해명을 해야 해요.

거짓말로 감추거나 둘러대기보다는

순수한 진심을 담아 친구에게 전달해 보세요.

10월

19일

선언하다

널리 펴서 말하다.
자신의 방침, 의견, 주장 따위를 외부에 정식으로 표명하다.

"슬프게도 내가 좋아하는 가수가 이번에 은퇴를 선언했더라고."

"오늘 친구랑 싸우다가 나도 모르게 절교 선언을 하고 말았어."

필 사 하 기

한번 무언가를 선언하면 취소하기 힘들어요.

친구와 다투고 절교를 선언하는 것도

부모님과 다투고

밥을 먹지 않겠다고 선언하는 것도

모두 신중하게 생각하고 말해야 후회가 없어요.

3월

12일

폭력

남을 거칠고 사납게 제압할 때에 쓰는 수단이나 힘.

"어떤 경우에도 **폭력**으로 해결할 수 있는 문제는 없어."

"주먹으로 때리는 것도 정말 나쁜 행동이지만,
못된 말로 친구 마음을 아프게 하는 것도 **폭력**이야."

필사하기

차분하게 말로 해결할 능력이 없는 사람들이

어쩔 수 없이 사용하는 것이 폭력이죠.

나는 말과 글로 충분히 내 마음을 전할 수 있어요.

폭력은 내 삶에 존재하지 않는 단어예요.

10월

18일

탐구하다

진리, 학문 따위를 파고들어 깊이 연구하다.

"주변 사람들을 **탐구해** 보니까
사람마다 특징이 다른 게 보여서 재미있어."

"가을에는 산책을 하면서
주변에 **탐구할** 것들을 찾아봐야겠어."

필사하기

우리 주변에는 탐구할 만한 것들이 많아요.

계절이 바뀌면 매일 걷는 길의 풍경도 변하니까요.

나는 매일 달라지는 풍경 속에서

어제까지는 보이지 않았던 것들을

발견하고 탐구할 거예요.

3월

13일

최초

맨 처음.

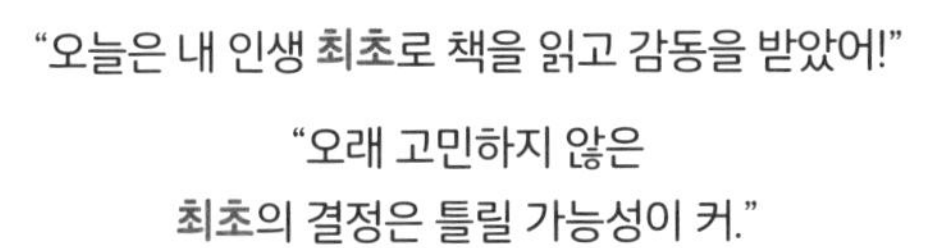

"오늘은 내 인생 **최초**로 책을 읽고 감동을 받았어!"

"오래 고민하지 않은
최초의 결정은 틀릴 가능성이 커."

필사하기

누구에게나 최초는 존재해요.

최초의 선택과 결정은 실패하거나

짐작대로 이루어지지 않을 가능성이 크죠.

하지만 그런 과정을 통해서 우리의 생각은

점점 단단해지고 완벽해져요.

10월

17일

권하다

어떤 일을 하도록 부추기다.

"이미 배가 부른데 자꾸 음식을 **권하면** 곤란해."

"잘 모르는 사람에게 책을 **권하는** 건 참 어려워.
그 사람의 취향을 잘 모르니까."

필사하기

다른 사람에게 무언가를 권할 때는

조심스럽게 다가가야 해요.

취향은 사람마다 모두 달라서

마음이나 입에 맞지 않을 수도 있으니까요.

3월

14일

대부분

절반이 훨씬 넘을 정도의 수효나 분량.

일반적인 경우에.

"용돈의 **대부분**을 저축하는 사람은 나중에 많은 돈을 모으게 되지."

"곧 졸업식이 있어서 **대부분**의 친구들이 강당에 모였어."

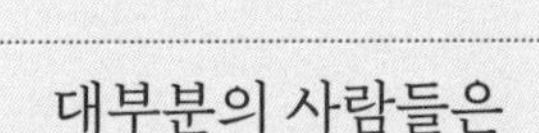

대부분의 사람들은

나에게 먼저 다가와 주는 사람을 좋아해요.

평소에 부끄러워서

말 걸지 못한 친구가 있다면

오늘은 용기 내서 다가가 인사해 볼 거예요.

10월

16일

조종하다

비행기나 선박, 자동차 따위의 기계를 다루어 부리다.
다른 사람을 자기 마음대로 다루어 부리다.

"이 장난감 자동차는 내 동생도 쉽게 **조종**할 수 있어."

"나는 다른 사람들의 **조종**을 받는 꼭두각시가 아니야."

필사하기

내 마음의 배를 이끄는 선장은 나예요.

내 마음과 기분은 내가 조종하는 방향으로 나아가죠.

나는 떨어지는 낙엽에서도 행복을 느낄 수 있어요.

좋은 기분은 내가 스스로 만드는 거예요.

3월

15일

의존하다

다른 것에 의지하여 존재하다.

"힘 센 사람에게 **의존하기만** 하면,
정작 내 힘을 기르지 못해서 발전할 수 없어."

"수산물에 **의존해서** 사는 나라는
바다 오염 문제를 좀 더 심각하게 생각하지."

필사하기

스스로의 힘으로 살지 않고

자꾸만 누군가에게 의존해서 살면

나아지는 게 전혀 없어요.

작은 것 하나라도 스스로 하면서

실패의 경험을 쌓는 게 자신에게 좋아요.

10월

15일

문의하다

잘 아는 사람에게 물어서 의논하다.

"궁금한 게 있으면 선생님께 가서 직접 문의해 봐."

"이 게임기의 사용법을 알 수 없어서
고객센터에 전화해서 문의해 보려고 해."

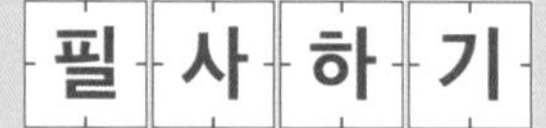

물건의 사용법을 모르겠다거나
길을 모르겠을 때는 주변에 문의해 보세요.
물어보기가 떨리고 두려운 마음도 들겠지만
막상 물어보면 상대방도 친절하게 답해 줄 거예요.

3월

16일

특권

특별한 권리.

"좋은 성적은 열심히 공부한 사람에게만 주어지는 **특권**이지."

"이 피트니스 센터의 회원이 되면,
사우나를 무료로 이용할 수 있는 **특권**이 주어진대."

필사하기

특권은 모두에게 주어지는 것이 아니에요.

열심히 운동을 해야 건강한 몸이라는 특권이,

열심히 책을 읽어야 지성이라는 특권이

우리의 삶에 선물처럼 주어져요.

10월

14일

영리하다

눈치가 빠르고 똑똑하다.

"너는 하나를 알려 주면 열을 아는 **영리한** 아이구나?"

"안내견이 시각 장애인을 도와
길을 안내하는 모습을 보면 정말 **영리한** 것 같아."

필사하기

어리석은 사람은 모든 것을
우습게 여기고 스쳐 지나가지만
영리한 사람은 어느 것도 쉽게 여기지 않아요.
사소한 것에서도 배울 점이 있다는 사실을
누구보다 잘 알고 있거든요.

3월

17일

광고하다

세상에 널리 알리다.

"텔레비전에서 **광고하는** 제품이라고 다 믿을 수 있을까?"

"너 그 애만 보면 얼굴이 빨개지던데,
좋아한다고 아주 **광고**를 하고 다녀라!"

필사하기

나의 표정은 지금 내가 어떤 상태인지

알려 주는 광고와도 같아요.

내가 보여 주는 행동과 말을 통해서

사람들은 내가 어떤 사람인지 알 수 있죠.

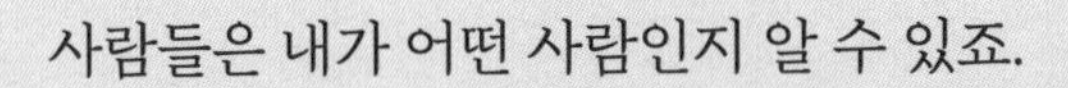

10월

13일

쌀쌀하다

날씨나 바람 따위가 음산하고 상당히 차갑다.
사람의 성질이나 태도가 정다운 맛이 없고 차갑다.

"저녁에는 **쌀쌀한** 바람이 부니까 든든하게 입고 나가야겠어."

"화를 낼 때 **쌀쌀한** 표정을 짓는 엄마 얼굴을 보면 가끔 서운해."

필사하기

쌀쌀한 표정을 짓고 있으면,

선뜻 다가가서 대화를 나누기 어려워요.

따뜻한 말도 중요하지만 미소도 중요해요.

거울을 보며 밝게 웃는 연습을 해 봐요.

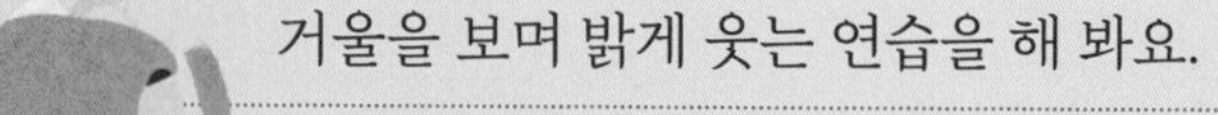

3월

18일

독점

혼자서 모두 차지함.

"너 혼자 그네를 **독점**하면 다른 아이들이 불편하잖아."

"유독 동생이 할아버지의 사랑을 **독점**해서 질투가 나."

필사하기

놀이터에서 혼자 놀이기구를 독점하는 건

다른 친구들에게 피해를 주는 행동이에요.

나 한 사람 때문에 모두에게 피해를 줄 수는 없죠.

나는 놀 때도 주변 사람들을

배려하며 존중하는 게 좋아요.

10월

12일

타오르다

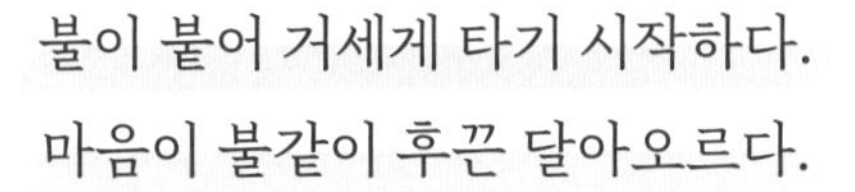

불이 붙어 거세게 타기 시작하다.

마음이 불같이 후끈 달아오르다.

"불길이 파랗게 **타오르는** 걸 보니, 지금 딱 고기를 구워야 할 때야."

"내 친구는 누가 연필을 훔쳐 갔는지 잡겠다며
분노로 눈이 이글이글 **타오르고** 있어."

필사하기

분노 때문에 눈이 이글이글 타오르는 사람도 있고,

가슴에 품은 벅찬 희망 덕분에

마음이 뜨겁게 타오르는 사람도 있어요.

타오르는 건 같지만 결과는 매우 다르죠.

3월

19일

멋지다

보기에 참 좋거나 기대되다.

"네 말솜씨는 언제 봐도 참 **멋지다**."

"**멋진** 경치를 보면 마음까지 차분해져."

필사하기

매일 '멋지다'라는 말을 자주 하면서 살면

내가 보내는 모든 하루가 멋지게 달라져요.

세상은 바라보는 사람의 시선이 결정하는

멋진 예술 작품과도 같아요.

10월

11일

아늑하다

감싸 안기듯 편안하고 포근한 느낌이 있다.

"방을 정리했더니 **아늑해져서** 독서하기 딱 좋네."

"조용히 비가 내리니까 풍경이 참 **아늑하다.**"

필사하기

신나게 뛰어놀고 들어온 다음에는

아늑한 자리에 앉아 쉬어요.

오늘 있었던 일들도 떠올리고,

책을 읽으며 생각을 정리할 수도 있죠.

3월

20일

초래하다

일의 결과로서 어떤 현상을 생겨나게 하다.

"사소한 실수가 엄청난 재앙을 **초래**할 수 있어."

"그때 그 선택이 이런 엄청난 결과를
초래할 줄 꿈에도 생각 못 했어."

필사하기

언제나 사소한 실수가 커다란 재앙을 초래하죠.

그래서 작은 것들을 조심해야 해요.

늘 정성을 다하는 마음으로 대하면

결과도 나쁠 수 없어요.

10월

10일

꾸짖다

윗사람이 아랫사람의 잘못에 대하여 엄하게 나무라다.

"오늘 선생님이 나를 따로 불러서 엄하게 **꾸짖으셨어.**"

"잘못했을 때는 스스로
자신을 **꾸짖으며** 반성하는 것도 좋아."

필사하기

선생님이나 부모님이 나를 꾸짖으면

당연히 속상하고 기분이 좋지 않아요.

하지만 어른들도 나를 사랑하는 마음에 꾸짖는 거예요.

덕분에 무언가를 배워 성장할 수 있다고 생각하면

속상한 마음도 훌훌 털고 일어날 수 있어요.

3월

21일

개선하다

잘못된 것이나 부족한 것, 나쁜 것들을 좋게 만들다.

"라면을 조금 덜 먹으면, 체질을 **개선할** 수 있어."

"학교에서 불합리한 제도를 **개선해야**,
더 많은 학생이 공평한 대우를 받을 수 있지."

필사하기

학교나 반에서도 불합리한 일들이 일어나죠.

하지만 불평만 하면

아무것도 달라지지 않아요.

불편한 것들을 개선하고 싶다면

내가 나서서 바꾸려는 시도를 해야 해요.

10월

9일

우세하다

상대편보다 힘이나 세력이 강하다.

"우리 팀의 전력이 상대 편보다는
조금 더 **우세하다**고 생각해."

"뉴스를 보니까 지구의 평균 온도가
꾸준히 오를 거라는 전망이 **우세하**더라."

필사하기

농구 경기에서 유독 몸집이 좋고
키가 큰 선수들이 속한 팀이 보이면,
'저 팀이 우세할 것 같아.'라고 짐작하게 되죠.
하지만 그건 추측일 뿐,
결과는 해 봐야 알아요.

3월

22일

충분하다

모자람이 없이 넉넉하다.

"너에게는 회장이 될 자격이 **충분해**."

"그 정도 양의 물이면 라면 끓이기에 **충분해**."

필사하기

'충분하다'라는 말은 듣기만 해도 기분이 따스해져요.

나의 가능성을 믿어 준다는 느낌이 들어서 그래요.

소중한 친구를 바라볼 때에는

"너는 너 자체로 충분해."라고

다정하게 말해 주세요.

10월

8일

속삭이다

남이 알아듣지 못하도록 조용한 음성으로 이야기하다.

"동생과 친구들이 모여서 저희끼리 **속삭이는**
모습을 보면 참 귀여워."

"친구들끼리 **속삭이는** 모습을 보면
왠지 가서 엿듣고 싶어져."

필사하기

힘든 일을 겪을 때마다,

나는 스스로에게 이렇게 속삭이죠.

"힘내, 넌 충분히 잘해 왔어."

떨릴 때는 스스로에게 이렇게 속삭이죠.

"걱정하지 마, 노력한 시간을 믿으면 돼."

3월

23일

소비자

사업자가 제공하는 상품과 서비스를
구입하거나 사용하는 사람.

"**소비자**가 현명하게 소비를 해야, 생산자도 좋은 제품을 생산하지."

"이번에 새로 나온 텔레비전은 **소비자**에게 어떤 가치를 주는 걸까?"

필사하기

무언가를 소비할 때는
내게 필요한 것이 무엇인지,
그것이 나에게 어떤 가치를 주는지 살펴보면
지혜로운 소비자가 될 수 있어요.

10월

7일

맴돌다

일정한 범위나 장소에서 되풀이하여 움직이다.

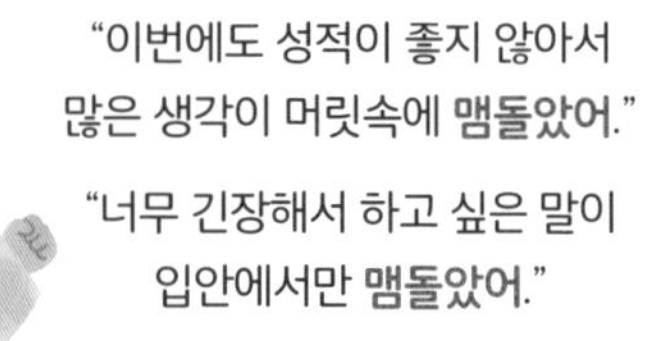

"이번에도 성적이 좋지 않아서
많은 생각이 머릿속에 **맴돌았어.**"

"너무 긴장해서 하고 싶은 말이
입안에서만 **맴돌았어.**"

필사하기

오늘 하루가 행복하지 않았더라도 괜찮아요.

내가 행복을 찾아가면 되니까요.

독서, 샤워, 맛있는 간식 먹기, 뒹굴기.

내가 행복해질 수 있는 취미를 찾아 맴돌면

행복을 만날 수 있어요.

3월

24일

예외

보통의 규칙이나 상황에서 벗어나는 일.

"환경을 소중히 대하는 문제에는 **예외**가 있을 수 없어."

"자꾸만 **예외**를 만들면 나중에는 규칙을 만든 의미가 없어지지."

필사하기

반드시 지켜야 할 원칙을 세웠다면

'예외'라는 단어는 이제 잊어야 해요.

자꾸 변명과 핑계로 미루기만 하면,

원칙을 제대로 실현할 수 없게 되니까요.

10월

6일

즐거움

즐거운 느낌이나 마음.

"즐거움은 나눌수록 커지는 것 같아!"

"책을 읽다가 새로운 것을 알게 되었을 때의
즐거움은 경험해 본 사람만 알 수 있어."

필사하기

많은 사람과 함께 있는 시간도 즐겁지만,

나는 혼자서 책을 읽으며 깊은 생각에 잠길 때

가장 큰 즐거움을 느껴요.

새로운 걸 깨닫는 순간이니까요.

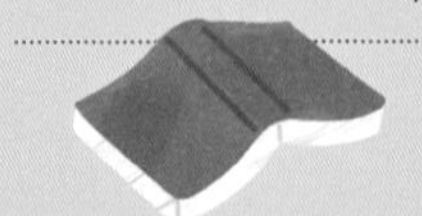

3월

25일

유익하다

세상과 사람들에게 도움이 될 만한 것이 있다.

"이건 특히 초등학교 저학년 아이들에게 **유익한** 책이야."

"매일 산책을 열심히 하면 건강에 **유익해**."

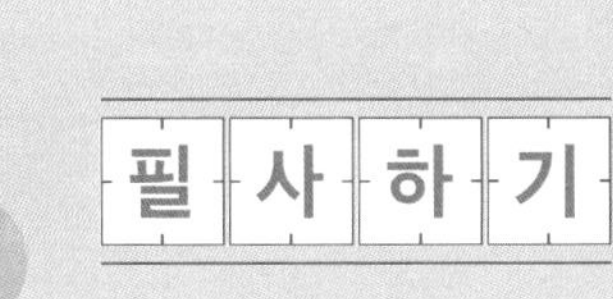

주변 사람과 나 자신에게

유익한 일을 하면 기분까지 좋아지죠.

청소하기, 주변 정리하기, 웃으며 인사하기.

생각해 보면 유익한 일은 어려운 게 아니에요.

10월

5일

풍부하다

넉넉하고 많다.

"영양분이 **풍부한** 음식을 먹어야
키도 쑥쑥 자란대."

"내 친구는 상상력이 **풍부해서**
같이 대화하다 보면 재밌어."

필 사 하 기

내면에 지혜로운 언어가 풍부한 사람들은

농담 한마디를 해도 향기가 나요.

나는 책을 읽고 필사를 하면서

내 안에 지혜로운 언어를 가득 채우고 있어요.

3월

26일

구성하다

몇 가지 부분이나 요소들을 모아서
일정한 전체를 짜 이루다.

"이번 경기는 팀을 어떻게 **구성할** 예정이니?"

"이 책의 내용은 총 세 장으로 **구성되어** 있어."

필사하기

책에는 내용이 있고, 팀에는 선수가 있죠.

이걸 통틀어서 '구성'이라고 불러요.

전체가 어떻게 구성되어 있는지를 파악하면

책이든 팀이든 좀 더 잘 이해할 수 있어요.

10월

4일

유예하다

어떤 일을 결정하고 실행하는 데 날짜나 시간을 미루다.

"원래는 오늘부터 게임 금지인데,
엄마가 며칠 더 **유예해** 주셨어."

"모두의 말을 다 듣기 전까지는 판단을 **유예할게**."

필사하기

쉽게 판단하면 쉽게 후회하게 되죠.

그래서 나는 판단을 유예하면서

깊이 생각해요.

그러면 후회할 가능성을

많이 낮출 수 있으니까요.

3월

27일

극도

더할 수 없는 정도.

"이번 겨울은 정말 **극도**의 추위로 힘들었어."

"살다 보면 **극도**의 절망감에 빠질 때도 있지만
그럴 땐 긍정적인 생각을 하며 벗어나는 게 좋아."

필사하기

누구나 일상에서 극도의 불안감이나
절망감을 느낄 수 있어요.
하지만 자신에게 좋은 말을 들려주면
평온이라는 선물을 받을 수 있죠.
정신만 차리면 뭐든 해낼 수 있어요.

10월

3일

공감

남의 마음이나 말에 자기도 그렇다고 생각하는 것.

"지금 네가 한 말에 전혀 **공감**할 수 없어."

"**공감**을 잘하려면 친구의 마음에
맞는 말을 떠올려 보면 돼."

필 사 하 기

내가 건넨 한마디 말이

친구에게는 오래 기억되는 말이 될 수 있어요.

말이 선물이라면

가장 예쁜 리본으로 포장해야겠죠.

그게 바로 공감하려는 마음이에요.

3월

28일

격려하다

용기나 의욕이 솟아나도록 따뜻하게 말하다.

"힘든 일을 앞둔 친구를 **격려하면**, 내 마음도 행복해지지."

"엄마가 나를 다정한 말로 **격려할** 때, 나는 뭐든 할 수 있을 것만 같아."

필사하기

힘든 일이 생긴 친구에게

"괜찮아, 앞으로 좋은 일만 생길 거야."라고

격려의 말을 들려줄 수 있다면,

친구도 힘을 내서 다시 일어설 수 있어요.

10월

2일

나누다

하나를 둘 이상으로 가르다.
여러 가지가 섞인 것을 구분하여 분류하다.

"참외를 네 등분으로 **나누려면** 어떻게 해야 할까?"
"체육 시간에는 피구를 하느라 팀을 **나누었어.**"

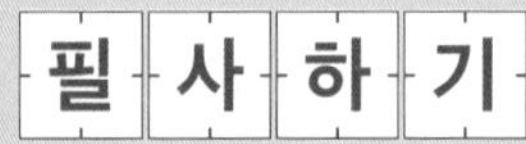

사람의 성격은 몇 가지로 나눌 수 없어요.
모두 자신만의 다채로운 면을 지니고 있으니까요.
좋은 성격, 나쁜 성격을 나누기보다는
각자 가진 고유한 면을 더 바라보기로 해요.

3월

29일

설치하다

어떤 일을 하는 데 필요한 기관이나 설비 따위를 만들다.

"내가 새로운 프로그램을 **설치**할게."

"놀이터에 그네를 하나만 더 **설치하면**,
친구들이 줄을 서지 않아도 될 것 같은데."

필사하기

필요한 게 있다면 더 설치하면 되죠.

"사람들에게 뭐가 더 필요할까?"

늘 이런 질문을 품고 산다면,

세상에 꼭 필요한 것을 설치하며

도움을 주는 사람이 될 수 있어요.

10월

1일

자부심

자기 자신 또는 자기와 관련되어 있는 것에 대한 가치나 능력을 믿고 당당히 여기는 마음.

"우리 아빠는 본인의 직업에 대한 **자부심**이 엄청나셔."

"나는 내가 다니는 학교에 강한 **자부심**을 갖고 있어."

필사하기

실수와 실패는 누가 더 자주 할까요?

더 많이 시도한 사람이 더 자주 해요.

실수와 실패가 많았다는 것은

실망할 일이 아니라,

오히려 자부심을 가질 만한 멋진 일이죠.

3월

30일

의도

무엇을 하고자 하는 생각이나 계획.

"그 말과 행동에는 어떤 의도가 있는 것 같은데."

"친구에게 나쁜 의도가 있었던 건 아니니,
넓은 마음으로 용서해 주려고."

필사하기

사람의 말과 행동에는 늘 의도가 있어요.

때로는 좋은 의도로 한 말에 오해가 생겨서

다툼이 일어날 수도 있죠.

그래서 의도한 것을 제대로 표현할 수 있도록

언어를 제대로 구사하는 연습을 해야 해요.

10월

3월

31일

돋보이다

무리 중에서 훌륭하거나 눈에 띈다.

"그 친구는 유독 돋보이는 맑은 눈을 갖고 있어."

"미술 시간에 내가 낸 작품이
가장 돋보인다고 친구들에게 칭찬을 받았어."

필사하기

밝은 색의 옷은
봄에 입으면 더욱 돋보이죠.
모든 것이 아름답게 태어나는
푸르른 계절이라서 그렇습니다.

9월

30일

아찔하다

갑자기 정신이 아득하고 조금 어지럽다.

"외줄타기를 하는 사람을 보면 내가 다 아찔해."

"발표하는 중간에 실수했던 순간을
생각하면 아직도 아찔해."

필사하기

많은 사람 앞에서 실수했던 경험을 떠올려 봐요.

생각만 해도 다시 눈앞이 아찔해지죠.

하지만 그때의 경험이 있기에 지금의 내가 있어요.

똑같은 상황이 다시 온다면

그때는 더 잘 해낼 수 있을 테니까요.

4월

9월

29일

지지하다

어떤 사람이나 단체의 생각에 동의하며 응원하다.

"어떤 일이 생겨도 너를 **지지하는**
사람들이 있다는 걸 잊지 마."

"이번 회장 선거에서 내가 **지지하는** 친구가 떨어졌어."

필사하기

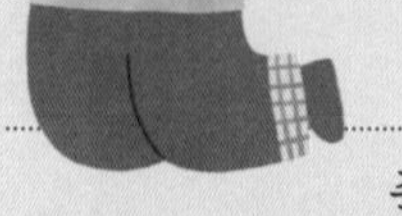

모든 사람이 나를 좋아할 수는 없어요.
내가 모든 사람을
좋아하지 않는 것처럼 말이죠.
내가 어떤 실수를 해도 여전히 지지해 주는
소중한 사람들에게 고맙다고 말할 거예요.

4월

1일

상징

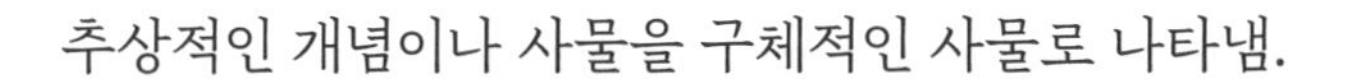

추상적인 개념이나 사물을 구체적인 사물로 나타냄.

"네가 사는 나라의 **상징**은 뭐야?"

"예전에는 식사로 라면을 먹는 게 부의 **상징**일 때도 있었대."

필사하기

사람이든 사물이든 자신을 상징하는 게

반드시 하나 이상은 있어요.

나를 상징하는 것들이 좋은 것이 되려면

좋은 가치를 매일 실천하면 되죠.

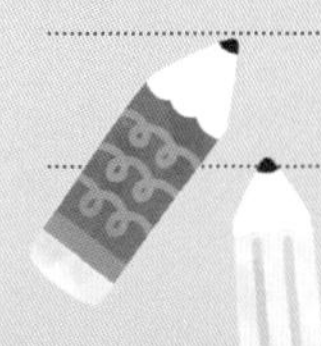

9월

28일

분간하다

사물이나 사람의 옳고 그름, 좋고 나쁨 따위와
그 정체를 구별하다.

"두 친구의 말이 모두 일리가 있어서 어느 쪽이 옳은지 **분간하기**가 어려워."

"잠에서 막 깨면 가끔 꿈인지 생시인지
분간하기 어려울 때가 있어."

필사하기

진짜 하고 싶은 일을 찾으려면
내 마음의 소리를 잘 듣고 분간할 줄 알아야 해요.
매일 이렇게 질문해 봐요.
'이건 내가 정말 하고 싶은 일일까?'
어느새 내가 어떤 사람인지 잘 알게 될 거예요.

4월

2일

소득

경제 활동의 대가로 얻는 이익.

"저번 달은 엄마 심부름을 많이 했더니
칭찬과 용돈을 많이 받아서 **소득**이 큰 달이었어."

"저 식당 사장님은 장사가 잘 되는데도
직원들 월급이랑 세금을 빼면 **소득**이 얼마 남지 않는대."

필 사 하 기

같은 일을 해도 누군가의 소득은 적고
다른 누군가는 높은 소득을 얻어요.
돈도 그렇지만 경험이나 지혜 역시 그렇죠.
늘 '어떻게 해야 더 많은 것을 얻을 수 있을까?'라는
생각을 해야 원하는 것을 가질 수 있어요.

9월

27일

진지하다

착실한 눈빛과 태도로 임하다.

"어제는 오랜만에 만난 친구와
진지한 이야기를 나눴어."

"엄마가 내 고민을 **진지하게** 들어 줘서
나도 솔직하게 이야기할 수 있었어."

필사하기

친구가 진지한 이야기를 할 때는
나도 진지한 태도로 경청해야
솔직하고 편하게 이야기할 수 있어요.
진지할 때는 장난기를 조금
내려놓아야 해요.

4월

3일

안내하다

어떤 내용을 소개하여 알려 주다.

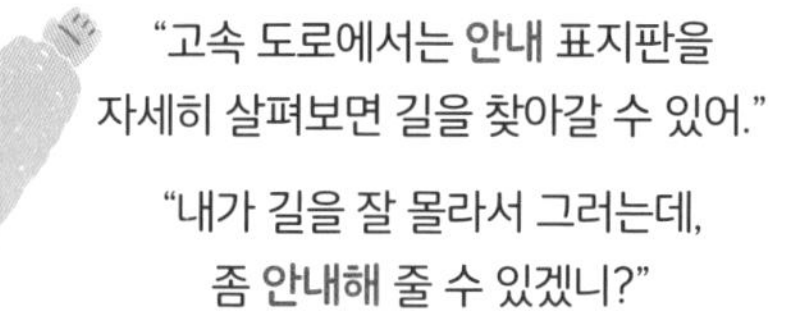

"고속 도로에서는 **안내** 표지판을
자세히 살펴보면 길을 찾아갈 수 있어."

"내가 길을 잘 몰라서 그러는데,
좀 **안내해** 줄 수 있겠니?"

필 사 하 기

오늘 내가 최선을 다해 살아야 하는 이유는

내 모습을 보며 동생이 그대로 배우기 때문이에요.

내 하루는 앞으로 동생이 살아갈 하루의 안내판과도 같아요.

동생이 길을 잃지 않게 최선을 다해 살아야 해요.

9월

26일

도처

여러 곳.

"등산은 힘들었지만 **도처**에
아름다운 꽃이 가득해서 기분이 좋았어."

"점수가 낮다고 너무 자책하지 말자.
내가 열심히 했다는 증거가 **도처**에 가득하니까!"

필사하기

산을 오르면 도처에 꽃과 나무가 가득해요.

올라가는 길이 험해서 힘들어도

자연을 보며 맑은 공기를 마시면 기분도 상쾌해지죠.

산을 멀리서 바라보기만 했다면 알 수 없었을 거예요.

이런 게 바로 경험이 주는 소중한 배움이죠.

4월

4일

존중하다

소중한 마음으로 귀하게 대하다.

"소수의 의견도 **존중하는** 태도가 필요해."

"창의성을 **존중해야**
다양한 시도를 할 수 있지."

필사하기

나보다 작은 것을 존중하고
힘이 없는 존재를 사랑할 수 있다면,
우리는 그 존중의 힘을 통해서
더 귀한 삶의 가치를 깨닫고 배우게 되죠.

9월

25일

의미

말이나 글, 행위나 현상이 지닌 뜻.
사물이나 현상의 가치.

"그 책이 너에게 어떤 **의미**가 있는 거야?"

"친구의 저 게슴츠레한 표정은 무슨 **의미**일까?"

필사하기

의미는 내가 스스로 부여하는 거예요.

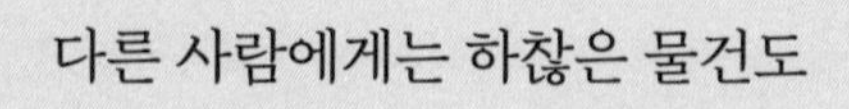

다른 사람에게는 하찮은 물건도

나에게는 소중한 물건일 수 있죠.

완벽하지 않아도

내 눈에 아름답다면 의미가 있어요.

4월

5일

제조하다

공장에서 큰 규모로 물건을 만들다.

"자동차를 **제조하려면** 수많은 기술이 필요하대."

"우유 같은 냉장 식품을 살 때는
제조된 날짜를 꼭 확인해야 해."

필사하기

자동차 한 대를 제조하려면 부품이 무려
500개 이상이나 필요해요.
작은 것 하나라도 무언가를 제조한다는 건
수많은 사람들의 노력을 더하는 일이죠.

9월

24일

중대하다

가볍게 여길 수 없을 만큼 매우 중요하고 크다.

"중대한 일일수록 깊이 생각해서 결정해야 해."

"이번 연극에서 내가 주인공이라는
중대한 역할을 맡게 되었어."

필사하기

누구나 중대한 결정을 해야 할 때가 있어요.

그럴 때는 주변의 조언을 듣는 것도 좋지만,

가장 먼저 마음의 소리에 귀를 기울이며

자신의 믿음을 따라가는 게

현명한 선택이죠.

4월

6일

협력

힘을 합하여 서로 도움.

"두 사람이 협력한다면 더 좋은 결과가 나올 거야."

"우리 반 아이들끼리 서로 협력하려면
나랑 생각이 다른 친구의 의견도 존중할 줄 알아야 해."

필사하기

세상에 혼자서 할 수 있는 일은 없어요.

중요하고 가치 있는 일은 협력을 해야 하죠.

고압적인 자세로 다가가면 누구도 손을 내밀지 않아요.

누군가의 도움이 필요하다면,

마음을 얻겠다는 생각으로 다가가야 해요.

9월

23일

보통

일반적으로 또는 흔히.
특별하지 아니하고 흔히 볼 수 있음.

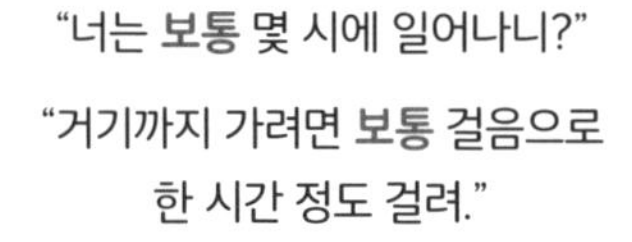

"너는 **보통** 몇 시에 일어나니?"

"거기까지 가려면 **보통** 걸음으로
한 시간 정도 걸려."

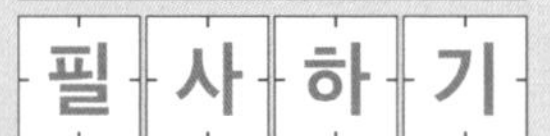

같은 거리를 걷더라도

어떤 사람은 10분 만에 갈 수 있겠지만

어떤 사람은 15분이 걸려야 도착할 수 있죠.

나의 '보통'이 모두의 '보통'은 아니에요.

4월

7일

보증하다

어떤 사물이나 사람에 대하여
책임지고 틀림이 없음을 증명하다.

"저 친구의 축구 실력은 내가 **보증할** 수 있어."

"내가 써 봐서 아는데, 이 볼펜의 필기감이 제일 좋아. 내가 **보증할게!**"

필사하기

많이 경험하고 생각한 것들은
좀 더 자신 있게 보증할 수 있어요.
무언가를 보증한다는 말은 그것에 대한
수많은 경험이 내 안에 쌓였다는 말이죠.

9월

22일

자유분방하다

격식이나 관습에 얽매이지 않고 행동이 자유롭다.

"선생님이 자리를 비우셨다고
너무 **자유분방하게** 돌아다니는 것 아니야?"

"**자유분방하게** 생각해야
이전에 없던 새로운 것을 만들 수 있어."

필 사 하 기

진정한 자유는 무작정 내 마음대로

행동하는 게 아니에요.

나에게 주어진 책임을 지키면서

자유롭게 행동할 줄 알아야

성숙한 어린이라고 할 수 있어요.

4월

8일

구독하다

신청을 통해 책이나 신문, 각종 SNS의 채널 따위를
읽거나 시청하다.

"넌 어떤 유튜브 채널을 **구독하고** 있니?"
"요즘에는 종이 신문을 **구독하는** 사람이 별로 없어."

필사하기

우리는 많은 것을 구독하면서 살고 있어요.
클릭 한 번이면 구독할 수 있어서
별 의미가 없어 보일 수도 있겠지만,
내가 구독한 것들의 목록은
내가 어떤 사람인지를 나타내기도 해요.

9월

21일

확실히

의심할 것 없이 틀림없게.

"아직 책을 다 읽지 못해서
내용을 **확실히** 말하기는 어려워."

"엄마의 약손은 **확실히** 효과가 있는 것 같아."

필사하기

확실히 무언가를 안다고 말하려면
단순히 눈으로 읽고 배운 수준이 아닌,
몸으로 실천하고 깨달은 지식이 필요해요.
경험에서 얻은 지식만큼 값진 것은 없으니까요.

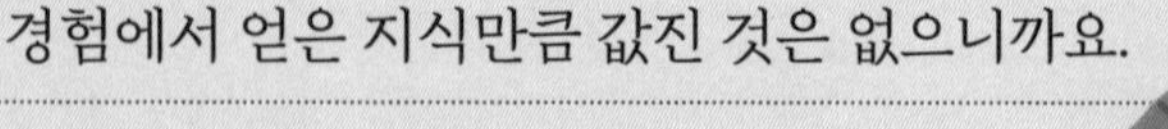

4월

9일

발전하다

더 낫고 좋은 상태나 더 높은 단계로 나아가다.

"**발전하기** 위해 스스로 노력하는 사람은
점점 성장해서 큰사람이 돼."

"과학이 더 **발전하면** 우리의 삶이 어떻게 바뀔까?"

필사하기

'발전'이라는 말은 참 아름다워요.

세상이 발전하면 삶이 더 편리해지고,

내가 발전하면 어제보다 나은 내 모습을 보며 뿌듯해지죠.

새로운 책을 읽고, 소중한 사람들과 대화를 나누며

나는 하루하루 더 발전해 나갈 거예요.

9월

20일

유창하다

말을 하거나 글을 읽는 것이 물 흐르듯이 거침이 없다.

"내 친구는 방학 때 미국으로 가족여행을 다녀오더니
영어 실력이 **유창**해졌어."

"학생회장이 강당에서 **유창한** 말솜씨로
연설하는 걸 보니까 저절로 압도되더라."

필사하기

유창하게 말하고 멋지게 글을 쓰는 능력은
이 시대에 필요한 빛나는 재능이에요.
내가 듣고 배운 것을 세상에 전하는 능력이니까요.
나도 말하기와 글쓰기가 유창해질 때까지
꾸준히 연습할 거예요.

4월

10일

독창성

다른 곳에서는 찾아보기 힘든 새로운 성향이나 성질.

"이 소설은 정말 **독창성**이 돋보이는 작품인 것 같아."

"글을 쓸 때는 남들이 좋다는 말을 쓰는 것도 좋지만,
독창성이 돋보일 수 있게 나만의 생각을 쓰는 것이 중요해."

필 사 하 기

사람들과 내 생각이 다르다고 주저하거나

내 생각을 성급하게 바꿀 필요는 없어요.

달라서 얻을 수 있는 독창성은

이 수많은 사람들 중에서

나를 구분할 수 있게 해 주는 멋진 장점이거든요.

9월

19일

고백하다

마음속에 생각하고 있는 것이나 감추어 둔 것을
사실대로 숨김없이 말하다.

"정직하게 잘못을 **고백하면** 용서해 줄게."

"친구에게 느꼈던 서운한 감정을 솔직하게 **고백했더니**
친구가 진심으로 들어 줘서 고마웠어."

필사하기

사소한 실수를 엄청난 실패로
만들고 싶지 않다면,
실수를 저질렀을 때 빠르게 고백하고
만회할 생각을 해야 해요.

4월

11일

돌파구

부닥친 장애나 어려움 따위를 해결하는 실마리.

"**돌파구**를 찾지 못하면 여기에서 무너질 수도 있어."

"몇 번 더 생각하면 **돌파구**를 찾을 수 있을 거야."

필사하기

매일 흥미진진하고 즐거운 일만 일어나는 건 아니에요.

그래서 지루할 때는 돌파구를 찾아야 하죠.

'무언가 즐거운 일이 없을까?'라는 마음으로

주변을 자세히 관찰하면 새로운 게 보일 거예요.

9월

18일

더듬다

잘 보이지 않는 것을 손으로 이리저리 만져 보며 찾다.
똑똑히 알지 못하는 것을 짐작하여 찾다.

"기억을 더듬어 보니 네 말이 맞네."

"어젯밤에는 갑자기 정전되는 바람에
앞이 보이지 않아서 방 안을 더듬으며 다녔어."

필사하기

지나온 날들을 조용히 더듬어 보면
결국 나의 하루는 실수를 저지르고
하나하나 올바르게 고치는 과정이었어요.
세상에 쓸모없는 실수는 없어요.

4월

12일

입증하다

어떤 증거 따위를 내세워 증명하다.

"네 잘못이 아니라는 걸 **입증할** 수 있겠니?"

"와, 저 선수는 홈런을 쳐서
스스로 최고의 선수라는 걸 **입증했네.**"

필 사 하 기

말로만 공부한다고 하고,

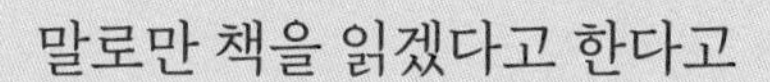

말로만 책을 읽겠다고 한다고

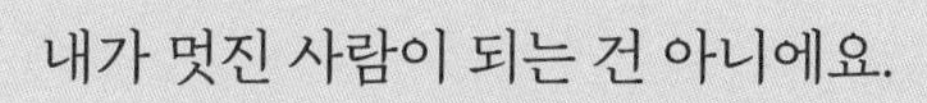

내가 멋진 사람이 되는 건 아니에요.

상대방에게 믿음을 주려면

말이 아닌 행동과 실천으로 입증해야 해요.

9월

17일

추정하다

다양한 증거를 통해 깊이 생각하여 판정하다.

"박물관에서 공룡의 뼈로 **추정**되는
잔해를 봤는데 정말 신기했어."

"너는 이번 사건의 범인이 누구라고 **추정**하니?"

필 사 하 기

어떤 일을 시켰을 때의 반응을 보면
늘 최선을 다하는 사람인지
늘 회피하고 노력하지 않는 사람인지
얼마든지 추정할 수 있어요.

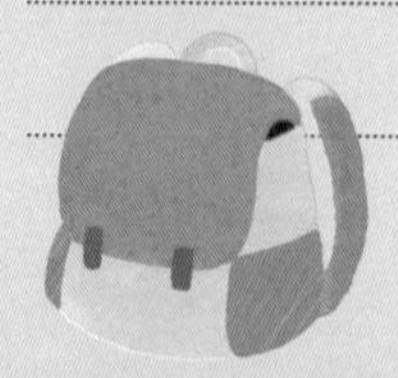

4월

13일

배회하다

목적 없이 주변을 어슬렁거리며 돌아다니다.

"지하철역 주변에는 특히 배회하는 사람들이 많아."

"길고양이가 오늘 온종일
공원 근처에서 배회하고 있던데."

필사하기

가끔 목적 없이 동네를 배회할 때가 있어요.

그러면 평소에 보이지 않았던 것들이 보이죠.

개미와 나무 그리고 수많은 꽃을 바라보며

다채로운 감정을 느낄 수 있어요.

9월

16일

나른하다

맥이 풀리거나 고단하여 기운이 없다.

"점심을 너무 많이 먹었는지 나른하고 졸리다."

"오후 햇볕이 따뜻해서인지 나른하고 피곤하네."

필사하기

점심에 식사를 마치고

따스한 오후 햇살에 잠시 머물면,

어느새 나도 모르게 몸이 나른해져요.

그러면 하늘의 별처럼 쏟아지는 잠을

이기지 못하고 잠들게 되죠.

4월

14일

거래

주고받거나 사고팖.

"이 거래로 이득을 볼 수 있을까?"

"나는 연필을 빌려주는 대신
친구는 책을 빌려주겠다고 해서 거래가 성사됐어."

필사하기

사는 동안 우리는 거래를 반복하게 되죠.

가끔은 손해를 보거나 실패할 수도 있어요.

하지만 그 경험에서 배울 점을 찾는다면

다음에는 더 지혜롭게 거래할 수 있어요.

9월

15일

직면하다

어떠한 일이나 사물을 직접 당하거나 접하다.

"어려운 상황에 **직면하면** 누구나 당황하게 돼."

"용기를 잃지 않으면 힘든 상황을
직면해도 극복할 수 있어."

필사하기

어려운 일에 직면했을 때
힘들다고 회피하게 되면
평생 그 일을 하지 못하게 될 수도 있어요.
두렵지만 용기를 갖고 직면하면
다음엔 덜 어렵게 느껴질 거예요.

4월

15일

이해하다

두 번, 세 번 생각하며 스스로 깨닫다.

"서로의 마음을 **이해하면** 다툼이 줄어들지."

"무조건 많은 책을 읽는 것보다,
한 줄을 읽어도 제대로 **이해하는** 게 중요해."

필사하기

다양한 책을 많이 읽는 것도 좋지만,

한 권의 책을 반복해서 여러 번 읽는 것도

지적으로 성장하는 데 도움이 돼요.

그렇게 읽으면 비로소 한 권의 책을

온전히 이해할 수 있죠.

9월

14일

탐닉하다

어떤 일을 몹시 즐겨서 거기에 빠지다.

"독서나 공부는 하지 않고 게임에만 탐닉하면
배움이 늘지 않아."

"주말 내내 책 속 세상에 탐닉하느라
시간 가는 줄 몰랐네."

게임이든 운동이든 적당히 즐긴다면
아무런 문제가 없겠지만,
탐닉이라고 부를 정도로 집착하게 된다면
고쳐야 할 필요가 있어요.
다른 일에 소홀해질 수 있으니까요.

4월

16일

잠재력

안에 있지만 아직 꺼내지 못한 힘.

"중국은 인구가 많아서 성장 **잠재력**이 큰 나라래."

"우리에게는 **잠재력**이 있으니까,
지금은 어려워도 꼭 해낼 수 있을 거야!"

필사하기

모든 사람에게는 잠재력이 있어요.

특히 어린이에게는 더 큰 잠재력이 있죠.

나는 얼마든지 무엇이든 할 수 있는 사람이에요.

내가 나를 믿는 만큼 내 안의 잠재력도 커져요.

9월

13일

만장일치

모든 사람의 의견이 같음.

"우리는 **만장일치**로 돈가스를 먹기로 했어."

"반장 선거에서 그 친구가 **만장일치**로 선출됐어."

필사하기

주어진 상황에서

모두가 같은 결정을 내렸을 때

만장일치라는 표현을 써요.

만장일치로 무언가가 결정되었다면

우리의 마음이 서로 같다는 뜻이죠.

4월

17일

할당

몫을 갈라 나눔.

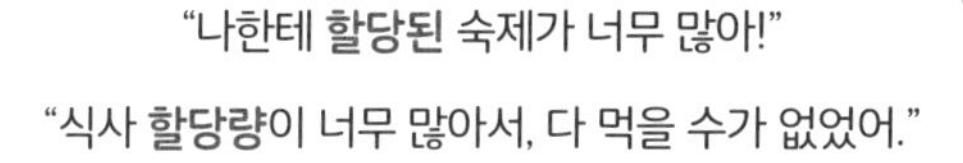

"나한테 **할당**된 숙제가 너무 많아!"

"식사 **할당량**이 너무 많아서, 다 먹을 수가 없었어."

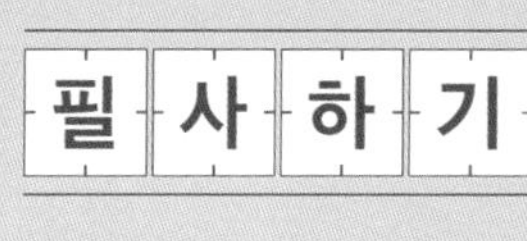

필사하기

나는 내 건강을 위해 할당된 식사를

거부하거나 불평하지 않고 즐겁게 먹어요.

처음 보는 반찬도 있을 수 있지만,

모두 내게 필요한 영양분이 있는 반찬이니

좋은 마음으로 초대하듯 입에 넣죠.

9월

12일

집착하다

어떤 것에 늘 마음이 쏠려 잊지 못하고 매달리다.

"작은 일에 **집착하기** 시작하면
기한 안에 숙제를 끝낼 수가 없어."

"점수에 너무 **집착하지** 말자.
열심히 한 과정이 더 중요하니까."

너무 완벽하게 하려고 집착하면

일의 진도가 나가지 않아요.

내게는 지금 완벽하게 해내는 게 아니라,

어설프게라도 무언가를 끝내는 게 중요해요.

4월

18일

부당하다

이치에 맞지 않다.

"**부당한** 대우를 받는 친구가 있다면,
얼른 정당한 대우를 받을 수 있게 해 줘야지."

"이번 판정은 누가 봐도 **부당하게** 느껴질 것 같아."

필사하기

내가 부당한 대우를 받을 때도
세상에 당당히 소리를 내야 하지만,
소중한 사람이 부당한 대우를 받을 때도
나의 일처럼 소리를 내서
정당한 대우를 받을 수 있게 해야 해요.

9월

11일

비참하다

더할 수 없이 슬프고 끔찍하다.

"폭발 사고 현장 뉴스를 봤는데
비참할 정도로 참혹했어."

"이 일 때문에 우리 우정에 금이 간다고
생각하면 **비참하고** 속상해."

필사하기

희망보다 걱정을 많이 가진 사람은
비참한 하루를 살게 되죠.
반대로 걱정보다 희망을 많이 가지면
언제나 행복한 하루를 보낼 수 있어요.

4월

19일

가르치다

지식이나 기능, 이치 따위를 깨닫게 하거나 익히게 하다.

"원어민 선생님이 영어를 **가르치면**
좀 더 정확한 발음을 배울 수 있어서 좋아."

"친구가 우리 집 피아노에 관심을 가지길래
조금 **가르쳐** 줬더니 금방 배우더라."

필사하기

가르치는 사람의 기술도 중요하지만

배우는 사람의 태도도 마찬가지로 중요해요.

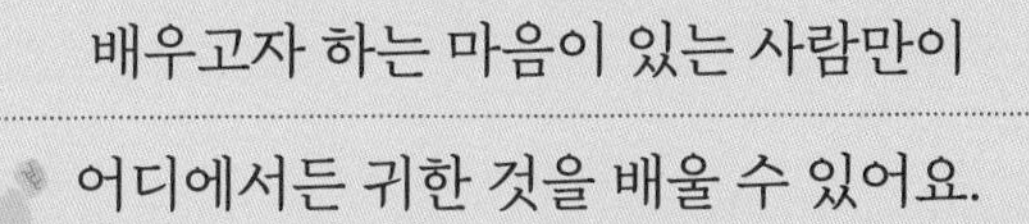

배우고자 하는 마음이 있는 사람만이

어디에서든 귀한 것을 배울 수 있어요.

9월

10일

장담하다

확신을 가지고 아주 자신 있게 말하다.

"내가 장담하는데,
올해에는 반드시 매일 일기를 쓸 거야."

"이번 시험에서 만점을 장담하는 이유는
진짜 열심히 준비했기 때문이야."

필사하기

앞으로의 계획이나 상황을 장담하는 사람은
그만큼 노력했거나 의지가 강한 사람이에요.
물론 말로만 장담하고 실천하지 않으면 안 되겠죠.
장담한 것을 해내면,
더 멋진 사람이 되는 거예요.

4월

20일

분위기

주위를 둘러싸고 있는 상황이나 환경.

"먹방이 유행하는 사회적 **분위기**에 대해서 어떻게 생각하니?"

"오늘은 동네 **분위기**가 차분하고 조용해서 참 좋다."

필사하기

가만히 앉아서 나를 둘러싼

주변의 분위기를 느껴 봐요.

나는 어떤 분위기를 만드는 사람일까요?

시끄럽게 떠들면 분위기도 엉망이 되지만,

얌전하게 있으면 좋은 분위기를 유지할 수 있어요.

9월

9일

두드러지다

겉으로 뚜렷하게 드러나다.

"올해 가장 두드러진 변화는
내가 책을 읽기 시작했다는 거야."

"팔에 힘을 주니까 근육이 두드러지는구나."

필사하기

자신감 있게 말하는 사람들의
가장 두드러지는 특징은,
자신이 하는 말을 믿고 있다는 것이죠.
스스로를 믿는다면
자신감 있게 말할 수 있어요.

4월

21일

이기심

자기 자신의 이익만을 꾀하는 마음.

"아무리 양보하려는 마음을 가지려고 해도,
동생의 **이기심**에 화가 나는 건 어쩔 수 없네."

"나만 편하려고 길에 쓰레기를 버리는 건
이기심에서 나온 못된 행동이지."

필사하기

이기심을 가진 사람과 같은 공간에 있으면
자꾸 다툼이 생기고 짜증이 나요.
그럴 때는 그 사람 때문에 화를 내기보다
'나는 저러지 말아야지.'라는 생각을 하며
주변 사람을 좀 더 배려하며 사는 게 현명해요.

9월

8일

연장하다

시간이나 거리를 처음보다 길게 늘리다.

"선생님께서 숙제 제출 기한을 **연장해** 주셔서
더 고민해 볼 수 있을 것 같아."

"이번 달부터 운동장 사용 시간이 **연장돼서**
농구를 좀 하고 왔지."

필 사 하 기

게임에 몰입하게 되면 시간 가는 줄 몰라요.

그래서 자꾸 부모님에게 사정하며

시간을 연장해 달라고 말하게 되죠.

하지만 처음에 정한 약속을 지켜야

내일도 게임을 할 수 있어요.

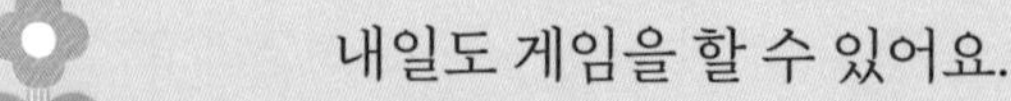

4월

22일

화려하다

물체의 모습이나 사람의 재능이
환하게 빛나며 곱고 아름답다.

"이 책은 표지가 참 **화려하네**."

"축구는 개인기가 **화려한** 선수들이 있어서 더욱 보는 재미가 있는 것 같아."

필사하기

포장지가 화려하면 속은 부실할 가능성이 커요.

속이 알차면 굳이 포장에 신경을 쓰지 않아도 되니까요.

겉이 화려한 것도 물론 좋지만,

안에 있는 것을 충분히 관찰하면서

진짜 가치가 어디에 있는지를 알아봐야 해요.

9월

7일

난감하다

이렇게 하기도 저렇게 하기도 어려워 처지가 매우 딱하다.

"길 잃은 강아지가 자꾸 나를 따라와서 **난감하**네."

"화장실이 정말 급해서 **난감한** 상황이었는데
마침 공원에 화장실이 있더라고."

필사하기

나는 열심히 노력했는데
아무도 알아주지 않아서 난감할 때가 있어요.
그럴 때는 내가 나의 노력을 알고 있으니
스스로 만족이라는 보상을 해 주면 되죠.

4월

23일

조합

서로 다른 것을 모아 하나로 엮음.

"빵과 우유의 멋진 **조합**은 누가 생각한 걸까?"

"한글과 외국어가 **조합**되어 새로운 말이 생기기도 하지."

필사하기

같은 것도 어떻게 조합을 하느냐에 따라서 결과가 달라요.

빵에 우유가 아닌 식혜를 마신다고 생각하면

그 조합이 잘 어울리지 않겠죠.

서로 가치가 맞는 것을 조합해야 결과도 좋아요.

9월

6일

뉘우치다

스스로 제 잘못을 깨닫고 마음속으로 가책을 느끼다.

"네가 잘못을 진심으로 뉘우친다면
나도 널 용서할 수 있어."

"생각해 보니 내가 친구에게 심하게
말했던 것 같아서 뉘우치고 반성했어."

필사하기

정말 잘못을 뉘우친다면 미안하다고 말하고,

내뱉은 말을 행동으로 증명해야 해요.

입으로 들려주는 말은 힘이 약해요.

늘 실천으로 증명해야 완벽해지죠.

4월

24일

한정하다

수량이나 범위 따위를 제한하여 정하다.

어떤 개념이나 범위를 명확히 하거나 범위를 확실히 하다.

"분야를 **한정하면** 독서를 아무리 해도 발전이 없어."

"이 피트니스 센터는 회원 자격을 여자로 **한정하더라고**."

필 사 하 기

"나는 이 일을 절대로 할 수 없어."

"여기까지가 내가 할 수 있는 한계야."

이렇게 나의 가능성을 한정하면,

선 바깥으로 나갈 수 없으니 발전할 수 없어요.

9월

5일

위선

겉으로만 착하게 포장한 모습.

"친구를 돕겠다고 말은 번지르르하게 해 놓고
행동으로 실천하지 않으면 **위선**이나 다름없어."

"**위선**적이지 않고 진심을 말하는 사람들이
더 잘되면 좋겠어."

필사하기

누구나 위선적으로 행동할 때가 있어요.

어떨 때는 겸손하게 행동하지만

어떨 때는 말과 행동이 다르죠.

중요한 건 내가 위선적으로 행동하고 있다는 사실을

알아차리고 반성하는 자세예요.

4월

25일

권한

어떤 사람이나 기관의 권리나 권력이 미치는 범위.

"남의 인생에 참견할 **권한**은 누구에게도 없어."

"**권한**을 더 많이 가진 사람에게는
그만큼 책임도 많이 따르는 법이지."

남들보다 권한을 많이 가진 사람이

자기 권한을 함부로 쓰면

다른 사람들이 피해를 받게 되죠.

권한에는 반드시 책임이 따르니

공정한 태도로 잘못이 없게 해야 해요.

9월

4일

안주하다

현재의 상황이나 수준에 만족하다.

"지금의 실력에 **안주하면** 더 이상 발전할 수가 없어."

"큰 목표를 세웠다면
현실에 **안주하지** 않고 노력해야 해."

필 사 하 기

기회라는 손님은 잠시 들렀다가
내가 어떻게 살고 있는지 살펴보고 돌아가요.
현실에 안주하는 사람들에게는,
기회라는 손님이 오래 머물러 있지 않아요.

4월

26일

철저하다

속속들이 꿰뚫어 밑바닥까지 빈틈이나 부족함이 없다.

"밖에 나갈 때는 문단속을 **철저하게** 해야지."

"많이 배우고 공부한 사람일수록
독서나 글쓰기를 할 때 더 **철저하게** 하지."

필사하기

어떤 일이 왜 중요한지를 아는 사람은 철저해요.

물건을 잃어버려 본 사람이 더 철저하게 챙기는 것처럼

무언가에 철저한 사람이 되고 싶다면

내가 하는 일의 중요성을 먼저 알아야 해요.

9월

3일

화해

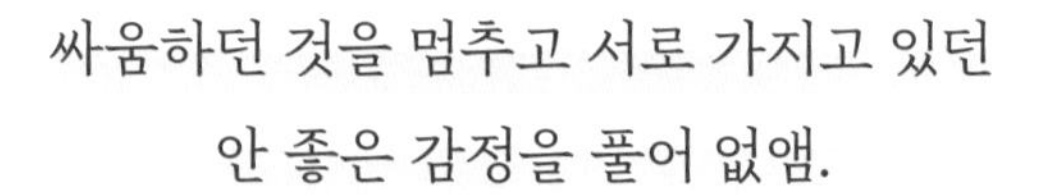

싸움하던 것을 멈추고 서로 가지고 있던
안 좋은 감정을 풀어 없앰.

"다툰 뒤에는 먼저 화해를 청하는 사람이 멋진 거야."

"끝까지 너의 의견만 내세우면 우리는 화해할 수가 없어."

필사하기

다툰 이후에 친구가 먼저 화해를 요청할 때까지
기다리며 버티는 건 진짜 강한 모습이 아니에요.
먼저 화해하자고 다가가는 사람이
사실은 훨씬 더 강하고 단단한 사람이죠.

4월

27일

과감하다

분명한 확신이 있고 용감하다.

"와, 오늘 입은 옷이 정말 **과감한**데!"

"그런 **과감한** 선택을 한다고?
멋진데, 정말 자신 있구나!"

필 사 하 기

헬렌 켈러는 이렇게 말했어요.

"삶은 과감한 모험이거나, 아무것도 아니다."

뭐든 일단 과감하게 시작하면

불가능하다고 생각했던 일도 가능해져요.

9월

2일

다수

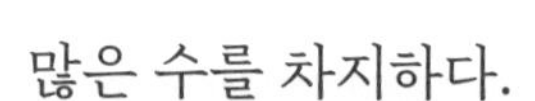

"**다수**의 의견도 중요하지만
그렇다고 소수의 의견을 무시하면 곤란해."

"선생님이 준비한 깜짝 이벤트에
다수의 친구가 감동한 것 같아."

필사하기

다수는 그저 수가 많다는 뜻일 뿐이에요.

수가 많은 쪽이 항상 옳은 건 아니죠.

스스로 판단하기에 내 생각이 옳다고 믿는다면

굳이 다수를 따라갈 필요는 없어요.

4월

28일

외적

물질이나 겉모습에 관한 것.

"사람의 외적인 부분만 보면,
내면에 무엇이 있는지 알 수 없어."

"가수나 연기자들에게는 외적인 매력도 중요하지."

필사하기

외적인 부분이
중요하지 않다고 생각할 수도 있지만,
최소한 깔끔하게 보이는 건 참 중요해요.
늘 깨끗하게 자신을 관리하며
좋은 인상을 줄 수 있어야 가치를 높일 수 있죠.

9월

1일

특별하다

내게만 유독 더 소중하게 여겨지다.

"나를 향한 부모님의 사랑은 세상 무엇보다 **특별해.**"

"오늘 저녁에는 내가 **특별히** 좋아하는 반찬들이 가득하네."

필사하기

나비는 독수리를 부러워하지 않아요.

우리는 모두 특별하게 태어났으니까요.

나에게도 다른 사람이 가질 수 없는

나만의 색이 있다는 사실을 잊어서는 안 돼요.

4월

29일

고정 관념

다른 것을 발견하지 못하게 만드는 고집.

"오랫동안 만들어진 **고정 관념**을 버리는 건 쉽지 않아."

"**고정 관념**을 갖고 사물을 바라보면
새로운 깨달음을 발견할 수 없어."

필 사 하 기

고정 관념은 다른 가능성을

생각하지 못하게 만들어요.

내가 아는 것이 세상의 전부라고 생각하며

평생을 좁은 공간에서 살아가게 하죠.

새로운 것을 보려면 먼저 고정 관념에서 벗어나야 해요.

9월

4월

30일

습관

어떤 행동을 오랫동안 반복해서 생긴 행동 방식.

"스스로 공부하는 습관을 만들면 공부가 더 즐거워져."

"아침에 일찍 일어나는 연습을 몇 번 했더니
습관이 돼서 더는 어렵지 않아."

필사하기

처음에는 내가 습관을 만들지만,

나중에는 습관이 나를 만들죠.

내가 더 나은 사람이 될 수 있도록

좋은 행동을 나의 습관으로 만들어야 해요.

8월

31일

드물다

어떤 일이 일어나는 빈도가 잦지 않다.
흔하지 않다.

"**드물지만** 요즘에도 길거리에는 공중전화가 있어."

"와, 요즘 보기 **드물게** 화창한 날이네!"

필사하기

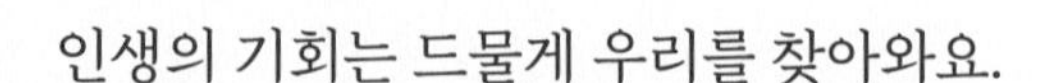

인생의 기회는 드물게 우리를 찾아와요.
그래서 늘 준비하며 기다려야 하죠.
기회는 희망을 품고
자신을 오랫동안 기다린 사람에게
행복과 성장이라는 선물을 주는 손님이에요.

5월

8월

30일

하찮다

그다지 훌륭하지 않다.

"지금은 하찮은 솜씨이지만
좀 더 노력하면 전문가가 될 거야."

"세상에 하찮은 일은 없어,
하찮게 보는 마음만 있을 뿐이야."

필사하기

부모님과 한번 약속을 하면

아무리 하찮은 약속이라도 반드시 지켜야 해요.

내가 약속을 먼저 잘 지켜야

부모님께도 약속을 지키라고 말할 수 있어요.

5월

1일

진실하다

마음에 거짓이 없이 순수하고 바르다.

"사과할 때 가장 중요한 건 **진실한** 태도야."

"**진실한** 마음으로 글을 쓰면 누구든 작가가 될 수 있어."

필사하기

어떤 말을 해야 하나,

어떤 글을 써야 하나 고민이 될 때는

내 안에 있는 가장 진실한 것을 꺼내 보아요.

거짓이 전혀 없는 진실한 말과 행동만큼

가치 있는 것은 없으니까요.

8월

29일

따르다

다른 사람이나 동물의 뒤에서, 그가 가는 대로 같이 가다.
남이 하는 대로 같이 하다.

"이 길을 쭉 **따라서** 내려가면 목적지가 보일 거야."

"잘 모르면 앞에 있는 사람을 **따라서** 하면 돼."

필사하기

여러분에게는 닮고 싶은 사람이 있나요?

저는 닮고 싶은 사람이 있을 때

그 사람의 말과 행동을 따라 해요.

그러다 보면 결국 그 사람의 장점을 흡수할 수 있죠.

사람은 자신이 자주 하는 말을 따라서 살게 되니까요.

5월

2일

곤경

어려운 형편이나 처지.

"처음 가는 길에서는 누구나 **곤경**에 빠지게 되는 법이야."

"**곤경**에 빠진 사람에게는 작은 도움도 큰 힘이 되지."

필사하기

사람은 자기 자신을 잘 알아야 해요.

대부분 곤경에 빠지는 이유는 잘 몰라서가 아니라

자신이 잘 안다는 착각을 하고 있어서죠.

자신을 제대로 알아야

곤경에 빠지지 않을 수 있어요.

8월

28일

결집하다

힘과 생각 등을 한곳에 모아 뭉치다.

"이번에 우리가 남은 힘을 모두 **결집시키면**
이전의 우리 기록을 깰 수 있어."

"어떤 말을 들려주면
친구들의 힘을 **결집**할 수 있을까."

성실한 하루는 절대 헛되지 않아요.

하루와 하루가 서로 결집하면서,

어떤 고난도 이길 커다란 힘이 되어 주니까요.

게으른 태도는 큰 사람도 작게 만들지만,

성실한 태도는 작은 사람도 크게 만들어요.

5월

3일

의욕

무엇을 하고자 하는 적극적인 마음.

"시험이 얼마 남지 않았다더니 **의욕**이 대단하네!"

"열심히 준비했던 일의 결과가 좋지 않으면,
의욕을 잃고 자신감까지 떨어지게 되지."

필사하기

성공할 가능성이 낮을 때는

그 일을 하려는 의욕을 더 가져야 해요.

강력한 의욕이 실패할 확률을 낮추고

우리를 성장할 수 있게 해 주니까요.

8월

27일

확신

굳게 믿는 마음.

"누구든 자신감이 넘치고
확신에 찬 모습을 보면 참 멋지더라."

"나는 그 친구가 거짓말을 하지는 않았을 거라고 **확신**해."

필사하기

모든 불가능을 가능하게 만드는

기적의 도구는 바로 희망이죠.

희망이 있다고 확신할 수 있다면,

더 많은 것을 가능하게 만들 수 있어요.

5월

4일

내부

안쪽의 부분.

"등산을 할 때는 **내부**의 땀을 배출할 수 있는 기능을 가진 옷을 입는 게 좋아."

"**내부**의 부패가 시작되면, 나라가 망하는 것도 순식간이야."

필사하기

피부에 생긴 상처는 금방 눈에 띄어요.

하지만 몸 내부의 상처는 보이지 않아서 알 수 없죠.

그래서 건강 검진을 통해 몸 내부를 살펴보는 거예요.

우리도 내 마음속에 어떤 일이 일어나고 있는지

살펴보며 생각하는 시간을 갖는 게 좋아요.

8월

26일

의논하다

어떤 일에 대하여 서로 의견을 주고받다.

"친구 사이에서 생기는 문제는
누구랑 **의논해야** 하지?"

"우리 반 공동의 문제인데 **의논하지도** 않고
혼자 결정해 버리면 어떡해."

혼자서 결정하기 어려운 문제가 생겼을 때는
부모님께 털어놓고 의논해요.
부모님은 나보다 더 많은 것을 알고 계셔서,
좋은 해결책을 알려 주고 흔쾌히 도와주시니까요.

5월

5일

혼란

뒤죽박죽이 되어 어지럽고 질서가 없음.

"시험 문제가 애매하게 나오면,
채점 과정에서 혼란이 생기게 되지."

"교실에서 그렇게 시끄럽게 떠들면
혼란스러워서 공부할 수가 없어."

필사하기

머릿속이 혼란스러운 상태에서는

집중하기가 어려워요.

고민이 있거나 마음이 복잡할 때는

하던 일을 잠시 멈추고 쉬면서 마음을 차분하게 만들어요.

그래야 내일의 나도 더 열심히 공부할 수 있어요.

8월

25일

요즘

바로 얼마 전부터 이제까지의 무렵.

"**요즘**에는 아침에 어떤 운동을 하니?"

"**요즘**은 한여름인데도 감기가 유행이래."

필사하기

찌는 듯한 더위도 이제 곧 끝이 난대요.

요즘 내 마음의 날씨는 어떤가요?

비가 왔나요? 화창한가요? 바람이 부나요?

요즘 나는 어떤 기분인지

가끔은 살펴봐 주세요.

5월

6일

의무

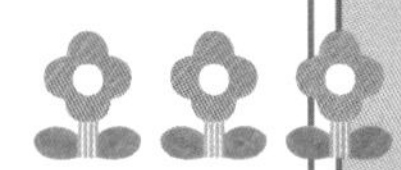

사람으로서 마땅히 해야 할 일.

"권리를 주장하기 전에 **의무**를 다해야 해."

"부모에게는 자식을 키워야 할 **의무**가 있지.
그럼 학생에게는 어떤 **의무**가 있는 걸까?"

필사하기

세상에는 다양한 의무가 있어요.

학생에게는 배움의 과정이 의무라고 할 수 있죠.

모르는 것을 배우고 깨우치면서,

나는 내게 주어진 의무도

하나하나 알아 가요.

8월

24일

상냥하다

좋은 마음으로 상대를 부드럽게 대하다.

"기분이 나쁘더라도
말투는 **상냥하게** 해 줬으면 좋겠어."

"선생님은 언제나 **상냥한** 말투로
인사해 주셔서 기분이 좋아."

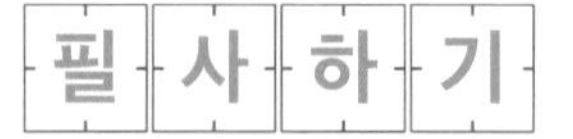

마주칠 때마다
상냥하게 인사해 주는 사람을 보면
괜스레 나도 웃음이 나고 기분이 좋아져요.
나도 다른 사람에게 상냥한 말을
건네주면서 하루를 시작할 거예요.

5월

7일

영감

창조적인 일의 계기가 되는 기발한 생각이나 자극.

"멋진 그림을 감상할 때면 늘 특별한 **영감**을 얻게 되지."

"**영감**이 떠오르면 바로 글로 표현해서
잊어버리지 않도록 붙잡아 두는 게 좋아."

필사하기

모든 창조는 영감을 발견하는 것에서 시작해요.

하지만 그보다 더 중요한 건

내가 발견한 것을 그림이나 글로 남기는 거예요.

그러면 나중에 내가 붙잡아 놓은 영감을 활용할 수 있어요.

8월

23일

논리적

생각과 주장이 논리에 맞는 것.

"수학을 잘하려면 **논리적**으로 생각할 줄 알아야 해."

"너의 주장에는 **논리적**인 근거가 없어!"

필사하기

나는 화를 내거나 나쁜 말을 하지 않아요.

자신의 생각을 논리적으로 말할 수 있는 사람은

결코 분노와 못된 말로 상대를 압박하지 않죠.

나는 조용히 그러나 분명히 내 생각을 말할 수 있어요.

5월

8일

착각

어떤 사물이나 사실을 실제와 다르게 지각하거나 생각함.

"이번에는 성적이 잘 나올 줄 알았는데,
결국은 나의 **착각**이었어."

"와, 이곳은 풍경이 정말 근사해서
마치 유럽에 온 듯한 **착각**에 빠지게 되네."

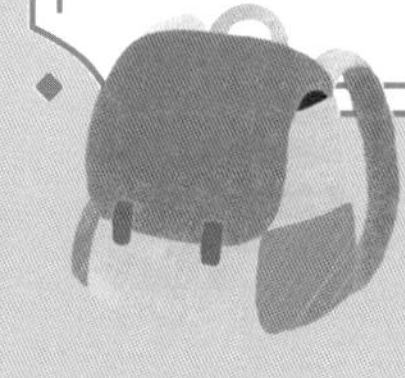

필사하기

간혹 내 생각이 착각이었다는 사실을 깨달을 때가 있어요.

시험에서 당연히 높은 점수를 받을 줄 알았는데,

기대 이하의 점수가 나왔을 때가 그렇죠.

하지만 실망할 필요 없어요.

그만큼 내가 열심히 공부했다는 뜻이니까요.

8월

22일

필사적

목표를 이루기 위해 전력을 다하는 것.

"우리 이번 경기는 **필사적**으로 최선을 다해 보자!"

"오늘 아침에는 지각하지 않으려고
필사적으로 달렸어."

필사하기

무언가 되고 싶은 게 있다면,

필사적인 실천과 행동은 기본이죠.

글을 써야 작가가 될 수 있고

그림을 그려야 화가가 될 수 있어요.

5월

9일

의사소통

가지고 있는 생각이나 마음을 상대방과 주고받음.

“**의사소통**을 제대로 하려면 친구들 말에 귀를 기울여야지.”

“서로 자기가 하고 싶은 말만 하면 **의사소통**을 할 수 없어.”

자기 할 말만 하고 듣지 않으면

친구들과 의사소통을 제대로 할 수 없어요.

누구나 자신의 말을 더 많이 하고 싶죠.

하지만 언제나 나는 덜 말하고 더 듣는,

서로를 위한 지혜로운 방법을 선택해요.

8월

21일

사려 깊다

여러 가지 일에 대하여 생각하는 마음이 깊다.

"대화해 보면 그 친구가
얼마나 **사려 깊은** 사람인지 알 수 있어."

"반장은 뒤처져 있는 친구까지
다 챙길 정도로 **사려 깊은** 아이야."

좋은 습관과 멋진 태도는
사려 깊은 마음을 통해 나와요.
언제나 사려 깊게
배려할 줄 아는 사람은
주변 사람들을 편안하게 해 주죠.

5월

10일

탁월하다

남보다 두드러지게 뛰어나다.

"**탁월한** 연주자들은
관객이 소리를 내도 정신을 빼앗기지 않아."

"오늘 먹은 딸기는 농장에서 직접 재배해서 보내 준 거라
다른 딸기보다 맛이 **탁월해!**"

필사하기

탁월한 능력을 갖춘 사람에게는 빛이 나요.

그걸 해내려고 보낸 시간이 길기 때문이죠.

무엇 하나 사소하다고 생각하지 않고

귀한 마음으로 최선을 다할 수 있다면,

누구나 자기 분야에서 탁월한 능력을 갖출 수 있어요.

8월

20일

달래다

슬퍼하거나 고통스러워하거나 흥분한 사람을
어르거나 타일러 기분을 가라앉히다.

"부모님이 안 계실 때 동생이 자꾸 울어서
달래 주느라 얼마나 고생했는지 몰라."

"좋아하는 노래를 들으면 속상한 마음을 **달랠** 수 있어."

필사하기

힘들 때 나를 달래 주는
노래나 책이 있다는 건 행복한 일이에요.
불안할 때, 속상할 때, 막막할 때
나에게 위로와 해결책을 주니까요.

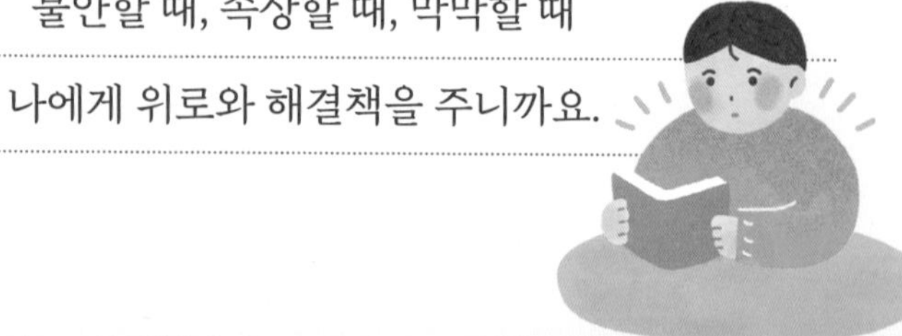

5월

11일

난장판

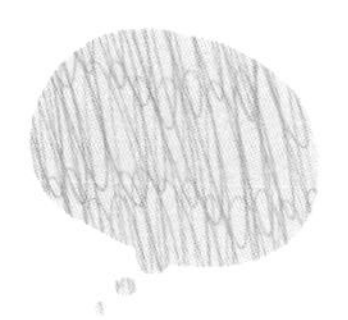

사물 또는 사람이 어지러이 뒤섞이고 뒤엉켜
뒤죽박죽이 된 상태.

"다 정리했는데, 강아지가 난리를 쳐서 다시 **난장판**이 되었어."

"서로의 말을 경청하지 않으면, 어떤 토론도 **난장판**이 되는 걸 피하기 힘들지."

필사하기

여러 사람이 함께 놀아 난장판이 된 공간도
함께 하나하나 정리해 나가면
의외로 순식간에 깔끔해져요.
어떤 일이든 일단 시작하면 쉽게 할 수 있어요.

8월

19일

변덕스럽다

이랬다저랬다 하는, 변하기 쉬운 태도나 성질이 있다.

"날씨가 왜 이렇게 **변덕스럽지?**
아침에는 쨍쨍하더니 갑자기 비가 내리네."

"사람이 너무 **변덕스러우면** 신뢰를 얻기 힘들어."

필사하기

생각이 깊은 사람은

상대가 상냥하다고 쉽게 좋아하지 않고

무례하다고 쉽게 미워하지도 않아요.

인간은 날씨처럼 변덕스러운 존재라는 사실을

잘 알고 있거든요.

5월

12일

반격하다

되받아 공격하다.

"**반격하려면** 사전에 준비를 철저하게 해야 해."

"좋아, 전반전에는 우리가 골을 못 넣었지만
후반전에는 **반격**을 시작하는 거야!"

필사하기

친구가 나에게 못된 말을 했다고
나 또한 못된 말과 폭력으로 반격을 하면
서로 오해와 상처만 깊어질 뿐이에요.
대신에 나는 더 크고 넓은 마음을 품고
친구의 나쁜 마음까지 안아 주는 말을 할 거예요.

8월

18일

소곤소곤

남이 알아듣지 못하도록 작은 목소리로
조용히 이야기하는 소리.

"네가 **소곤소곤** 귓속말을 하니까 귀가 엄청 간지러워!"

"사람들이 많이 모인 공공장소에서는
작은 목소리로 **소곤소곤** 대화를 나누는 게 예의야."

필사하기

공공장소에서 갑자기 큰 소리로 이야기를 하면
다른 사람들에게 피해가 가요.
친구와 대화를 하더라도 소곤소곤 말하며
서로의 목소리에 귀 기울여 보세요.

5월

13일

인정하다

확실히 그렇다고 여기다.

"승부에서 졌을 때는 패배를 **인정**할 줄 알아야 멋진 거야."

"실수를 **인정**하면 그 순간부터 배울 수 있어."

필사하기

패배나 잘못을 인정하는 건 쉬운 일이 아니죠.

실수를 인정하는 일은 부끄럽기도 하니까요.

하지만 내 실수를 인정할 줄 아는 사람만이

다른 사람의 실수에도 너그러운 사람이 될 수 있어요.

8월

17일

회복하다

원래의 상태로 돌이키거나 원래의 상태를 되찾다.

"잘 먹고 푹 쉬어야 건강도 빨리 **회복할** 수 있어."

"그 친구는 이미 거짓말을 여러 번 해서
다시 신뢰를 **회복하기** 어려울 것 같아."

필사하기

떨어진 자신감을 회복하고 싶을 때는

내가 좋아하는 책의 한 구절을 필사해 봐요.

연필로 한 자, 한 자 적다 보면

눈으로 읽을 때보다 훨씬 더 마음에 와닿아요.

그리고 놀랍게도 괜찮아진 나를 발견하게 되죠.

5월

14일

왜곡

사실과 다르게 해석하는 것.

"역사는 기록을 어떻게 해석하느냐에 따라
왜곡될 수도 있어."

"사실 그대로를 보도하지 않고
진실을 **왜곡하**면 참된 기자라고 할 수 없지."

필사하기

왜곡되지 않게 말하려면 큰 소리로 말하기보다는

정확하게 말하려고 노력해야 해요.

정확하게 진실을 말할 수 있다면,

작게 이야기를 해도 의미를 충분히 전할 수 있어요.

8월

16일

실마리

일이나 사건을 풀어 나갈 수 있는 첫머리.

"풀리지 않는 문제도 생각을 거듭하면,
실마리를 찾을 수 있어."

"어제 저녁에 동생이랑 싸워서 기분이 안 좋았는데,
화해의 실마리가 보여서 다시 기분이 좋아졌어!"

나에게 닥친 문제를 해결할 실마리는 내게 있어요.

아침에 늦게 일어나는 이유 역시

전날에 너무 늦게 잠들었기 때문이죠.

내게 일어나는 모든 문제는

내 안에서 시작해요.

5월

15일

정각

틀림없는 바로 그 시각.

"우리 12시 **정각**에 마트 앞에서 만나자."

"우리가 기다리는 열차는 오후 3시 **정각**에 출발할 예정이야."

필 사 하 기

시간 약속을 지키는 건 참 중요하죠.

정해진 시간에 일어나는 건 나와의 약속이기도 해요.

아침에 제때 일어나기가 쉽지는 않지만

나는 늘 노력하며 정각에 일어날 거예요.

8월

15일

반면

뒤에 오는 말이 앞의 내용과 상반됨을 나타내는 말.

"내 친구는 말은 느린 **반면**에
걸음걸이는 정말 빨라."

"도시에는 자연이 없는 **반면**에
멋진 건물을 자주 볼 수 있지."

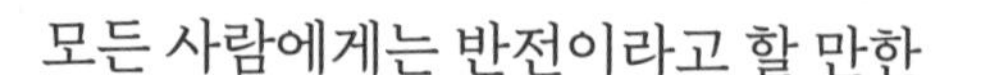

모든 사람에게는 반전이라고 할 만한
의외의 빛나는 부분이 있어요.
어떤 친구는 말이 느린 반면에 실행력이 있고,
어떤 친구는 소심한 성격을 가진 반면에
배려심이 강하죠.

5월

16일

헌신

몸과 마음을 바쳐 있는 힘을 다함.

"내가 많이 아팠을 때,
엄마가 **헌신적으로** 돌봐 줘서 나을 수 있었어."

"이건 **헌신적인** 노력이 있어야 이룰 수 있는 계획이야."

필사하기

부모님처럼 아무런 보상을 바라지 않고

나에게 사랑을 주는 사람은 없어요.

부모님은 내가 무언가를 주지 않아도

언제나 헌신적인 사랑을 주시죠.

8월

14일

시급하다

시각을 다툴 만큼 몹시 절박하고 급하다.

"아무리 **시급한** 일이 있어도
횡단보도의 신호는 꼭 지켜야 해."

"우리 동네 마을 버스는
등교 시간에 추가 배차가 **시급해**."

필사하기

병원에 가면 치료가 시급한 환자가 많아요.

아픈 사람이 많은 곳에 가면 모두가 아픈 것 같고,

건강한 사람이 많은 곳에 가면

모두가 건강하게 잘 살고 있는 것처럼 느껴지죠.

5월

17일

착취하다

다른 사람의 노동의 성과를 대가나 보상 없이 가지다.

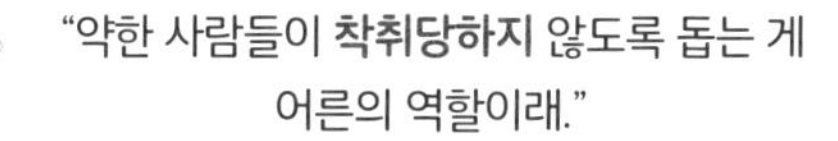

"정당한 보상을 하지 않고 **착취하는** 건 나쁜 행동이야."

"약한 사람들이 **착취당하지** 않도록 돕는 게
어른의 역할이래."

높은 자리에 있거나 강한 힘을 가진 사람은
자기보다 약한 사람을 착취해서는 안 돼요.
오히려 그들처럼 약했던 자신의 과거를 회상하며
그 사람이 훗날 크게 성장할 수 있도록 도와야 해요.

8월

13일

몹시

더할 수 없이 심하게.

"날이 더워서 그런지 등에 땀띠가 나서 **몹시** 가려워."

"네가 하도 청소를 하지 않아서 요즘 방이 **몹시** 더러워졌어."

필사하기

어떤 사람이나 물건을

몹시 아끼는 마음은 소중해요.

하지만 몹시 아끼는 그 마음만큼

소중하게 다루며 간직해야 하죠.

5월

18일

검토하다

어떤 사실이나 내용을 할 수 있을 만큼 분석하다.

“오늘 본 시험의 답안지를 **검토해** 봤니?”

“다양한 대안을 **검토해** 봤지만
좋은 방안이 떠오르지를 않네.”

필사하기

열심히 공부해서

다 아는 내용인데도 자꾸 문제를 틀린다면,

마지막에 한 번 더 검토를 해 보아요.

아무리 문제가 쉽다고 느껴져도

충분히 검토해야 아쉽게 틀리는 문제가 없어요.

8월

12일

절실하다

느낌이나 생각이 뼈저리게 강렬한 상태에 있다.

"나는 꿈을 이루고 싶다는 열망이 **절실**해요."

"건강을 위해서라도 우리 아빠에게는
지금 운동이 **절실**한 상태야."

필사하기

무순 일에든 마음을 다하는
사람의 눈에는 절실함이 담겨 있어요.
절실한 마음과 해내고자 하는 의지만 있다면
매일 나만의 성공을 이루어 나갈 수 있어요.

5월

19일

영원하다

감정이나 사물이 끝없이 이어지는 상태이다.

"**영원히** 살 수 있는 사람이 있다면,
그 사람 기분은 어떨까?"

"마음의 결이 맞다면 **영원히** 변하지 않는
좋은 친구로 남을 수 있대."

필사하기

세상에 영원히 살 수 있는 사람은 없어요.

그래서 하루하루를 소중한 마음으로 살아야 하죠.

매일 내가 해야 할 일을 미루지 않고

멋지게 해내면 영원보다 귀한 가치를 만날 수 있어요.

8월

11일

손질하다

손을 대어 잘 매만지다.

"혼자 머리를 손질하는 일은 참 어려워."

"오늘 산 고기를 깨끗하게 손질해서
저녁에 함께 구워 먹자."

손톱을 깎고 손질하는 작은 일도

스스로 해낸 경험이 없으면

나중에도 스스로 할 수 없게 되죠.

지금부터 스스로 손질하는 습관을 가져야 해요.

5월

20일

학대

몹시 괴롭히거나 가혹하게 대우함.

“어린아이를 저렇게 심하게 **학대**하다니
정말 나쁜 어른들이다.”

“생명이 있는 모든 것들은
학대가 아닌 존중을 받아야 해.”

필사하기

보통 학대를 생각하면

다른 생명에 대한 것을 떠올려요.

하지만 가장 심각한 학대는 자신에게 가하는 거죠.

불만과 분노의 감정으로 하루를 산다는 건

소중한 나의 마음을 학대하는 것과 같아요.

8월

10일

주의

마음에 새겨 두고 조심함.

경고나 훈계의 뜻으로 일깨움.

"유리컵에 물을 마실 때는
떨어트리지 않도록 주의해야 해."

"선생님께서 주의를 주셨는데도 왜 자꾸 떠드는 거야?"

필사하기

혼자 하기 어려운 일을 시도할 때는

무작정 피하기보다는

주의하며 도전해 보세요.

처음에는 주변에 도움을 청해야겠지만,

익숙해지면 혼자서도 잘 해낼 수 있어요.

5월

21일

계속하다

중간에 멈추지 않고 이어 나가다.

"힘들지만 참고 **계속하**면
분명히 좋은 결과를 만들 수 있을 거야."

"이 길로 **계속**해서 걸어가면
목적지에 도착할 수 있어."

필사하기

세상에는 무언가를 시작하면 계속하는 사람도 있고,

중간에 자꾸만 멈추는 사람도 있어요.

이 길의 끝에 무엇이 있는지 아직은 모르지만

나는 포기하지 않고 계속해서 걸어갈 생각이죠.

계속하는 사람은 반드시 무엇이든 만나는 법이니까요.

8월

9일

무례하다

태도나 말에 예의가 없다.

"내가 말할 때는 듣지도 않고
네 할 말만 하다니, 너 정말 무례하다."

"상대방의 말이 끝나지도 않았는데
끼어드는 건 무례한 행동이야."

다른 사람에게 무례한 말과 행동을 하는 사람은

자기 자신을 존중하지 않는 것과 같아요.

나는 무례한 사람들에게

오히려 정중하게 대할 거예요.

그래서 정중한 말과 행동의 가치를 깨우쳐 줄 거예요.

5월

22일

운명

모든 것을 지배하는 힘에 의해
이미 정하여져 있는 목숨이나 처지.

"세상에 태어난 모든 사람은 언젠가 늙게 돼.
그건 누구도 피할 수 없는 **운명**이야."

"1교시가 수학 시험이라니! 수학은 내게 피할 수 없는 **운명**인가?"

필사하기

가끔 운명처럼 다가오는 일이 있어요.

정말 내가 자신 없는 주제로 발표를 해야 할 때,

피하고 싶은 사람과 길에서 우연히 마주쳤을 때,

우리는 그걸 운명이라고 말해요.

8월

8일

비슷하다

똑같지는 않지만 전체적 또는
부분적으로 일치하는 점이 많다.

"나랑 항상 붙어 다니는 친구는 나와 성격이 꽤 **비슷해**."

"내 친구들을 보면 대부분 부모님과 생김새가 **비슷한** 것 같아."

필사하기

사람의 말은 정원과 비슷해요.
왜냐하면, 말 속에는 아름다운 꽃과 함께
날카로운 장미의 가시도 있고,
희망을 품고 날아가는 나비도 있기 때문이죠.

5월

23일

갈등

서로 이해관계가 달라 충돌함.
두 가지 이상의 상반되는 요구 앞에서
선택을 하지 못하고 괴로워함.

"오늘 수학을 공부할지 영어를 공부할지 **갈등**이다."

"가끔 엄마와 아빠 사이에 **갈등**이 생기면 누구 편을 들어야 할지 **갈등**이야."

필사하기

갈등이 생길까 봐 아무 말 않고 가만히 있으면
오히려 오해가 커져서 갈등이 심해져요.
나의 마음과 생각을
솔직하고 분명하게 말할 수 있다면
갈등은 서로를 이해할 수 있는 기회가 돼요.

8월

7일

둔하다

감각이나 느낌이 예리하지 못하다.
깨침이 늦거나 동작이 느리고 굼뜨다.

"내 친구는 **둔해서**
걔네 둘이 싸운 줄도 모르더라고."

"너는 행동은 좀 **둔할지언정**
끝까지 해내려고 하는 태도가 참 멋진 것 같아."

필사하기

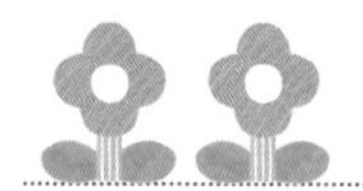

감각이 둔한 사람들에게는
남의 말을 잘 듣지 않는다는 공통점이 있어요.
센스 있게 말하는 방법을 모른다면,
우선 상대의 이야기를 주의 깊게 들어야 해요.

5월

24일

열망하다

온 마음을 다해 소망하다.

"오랫동안 **열망**한 것들은 결국 모두 이루어질 거야."

"의사가 되고 싶다는 **열망**이 있으니까
우선 책상에 앉아 공부를 열심히 할 거야."

필사하기

열망은 희망보다 강한 거예요.

온 마음을 다해 소망하는 것이 바로 열망이죠.

나의 마음에도 열망이 있어요.

나는 그걸 이루기 위해

모든 힘을 다해 노력할 거예요.

8월

6일

긴장

마음을 조이고 정신을 바짝 차림.

"**긴장**을 풀고 편안한 상태로 시험을 보면
좋은 결과가 나올 거야."

"운동을 시작하기 전에는 준비 운동을 해서
근육의 **긴장**을 푸는 게 좋아."

운동을 하기 전에 준비 운동을 충분히 한 사람은
근육의 긴장이 풀려서 좋은 결과를 낼 수 있죠.
시험을 볼 때도 준비가 충분히 된 사람은
긴장하지 않고 좋은 성적을 낼 수 있어요.

5월

25일

가혹하다

몹시 모질고 혹독하다.

"시험에서 겨우 하나 틀렸는데
이런 대우를 받는 건 너무 **가혹**해!"

"일제 강점기 때 나라를 빼앗겼던 조상님들은
가혹한 대우를 견디느라 얼마나 힘들었을까?"

필사하기

하루는 누구에게나 공평하게 24시간이지만
그 소중한 시간을 부정적인 생각만으로 채운다면
자기 자신에게 너무 가혹한 일이죠.
나는 언제나 나를 위해 좋은 생각만 선물할 거예요.

8월

5일

경시하다

가볍게 생각하거나 업신여기다.

"내 의견과 다르다고 해서
남의 의견을 함부로 **경시하면** 안 돼."

"시간의 가치를 **경시하는** 사람은
어떤 일도 제대로 할 수 없어."

필사하기

누구나 약속하기는 쉬워요.

하지만 약속을 지키는 건 매우 어렵죠.

약속을 잘 지키지 않고 경시하는 사람은

사람들에게 믿음을 줄 수 없어요.

5월

26일

일부분

한 부분 또는 전체를 여럿으로 나눈 어느 정도.

"이것들은 내가 갖고 있는 장난감의 **일부분**이야."

"**일부분**만 보고 전체를 판단할 수는 없지."

일부분만 보고 판단을 내리면

틀릴 가능성이 높아요.

중요한 결정을 할 때는 언제나 신중하게

더 많은 사람들의 생각과 의견을 듣고

지혜롭게 판단할 수 있어야 해요.

8월

4일

허약하다

힘이나 기운이 없고 약하다.

"잘 먹고 운동도 해야
허약한 몸이 건강해지지."

"몸이 아무리 커져도
내면이 **허약하면** 힘을 쓸 수 없어."

필사하기

건강한 몸이 어떤 배움보다 소중해요.

허약한 몸으로는 무엇도 할 수 없으니까요.

나는 내 몸을 아끼고 사랑해요.

그래서 골고루 먹고, 충분히 자고,

운동도 열심히 할 거예요.

5월

27일

소질

본디부터 가지고 있는 성질. 또는 타고난 능력이나 기질.

"우리 집 식구들은 모두 음악에는 **소질**이 없는 것 같아."

"**소질**도 계발할 수 있으니까 뭐든 최선을 다해 보자."

필사하기

소질이 없다고 제대로 해 보지도 않고 포기하면 안 돼요.

나에게 소질이 있는지 없는지는

최선을 다해 봐야 알 수 있거든요.

나는 소질이 없다고 좌절하거나 자책하지 않고

원하는 소질을 갖기 위해 충분히 노력해 볼 거예요.

8월

3일

선행하다

어떠한 것보다 앞서가거나 앞에 있다.

"넌 **선행** 학습에 대해서
어떻게 생각하니?"

"과학 기술이 지금보다 더 발전하려면
무엇이 **선행되어야** 할까?"

내가 잘하고 싶은 분야의 일이 있다면
관련된 내용을 선행해서 배우는 것도 좋아요.
억지가 아닌 스스로 선택한 선행 학습은
나의 지식과 능력이 성장하는 데에
매우 긍정적인 영향을 주죠.

5월

28일

순종적

다른 사람 혹은 윗사람의 말이나 의견 따위에
순순히 따르는 것.

"그렇게 **순종적**인 태도로만 살면 새로운 것을 배우기 좀 힘들어."

"사람이라면 반드시 배워야 할 것들은 **순종적**인 마음을 갖고 들어야 해."

필 사 하 기

안전이 중요한 상황이나
꼭 필요한 것을 배우는 상황에서는
어른들의 말에 순종적인 태도를 가져야 하지만,
다 배운 이후에는 나만의 길을 찾기 위해
도전적인 태도를 가져야 해요.

8월

2일

비꼬다

남의 마음에 거슬릴 정도로 빈정거리다.

"아무리 기분이 나빠도 그렇지,
그렇게 **비꼬는** 말을 하면 어떡해?"

"**비꼬는** 듯한 말투는 그 사람에 대한
첫인상을 매우 나쁘게 만들어."

필사하기

항상 빈정거리듯이 비꼬며 말하는 사람과

친하게 지내고 싶은 사람은 없을 거예요.

누구나 자기가 바라보는 수준에

맞는 말을 입에 담아요.

나는 같은 말도 더 다정하게 하려고 노력할 거예요.

5월

29일

동의어

뜻이 같은 말.

"한 문장에서 **동의어**를 반복해서 사용하면 혼란스러울 수 있으니 주의하는 게 좋아."

"'신장'과 '키'는 **동의어**라고 할 수 있지."

필사하기

세상에는 뜻이 같은 말이 참 많아요.

그래서 말을 하거나 글을 쓸 땐 주의해야 해요.

어떤 말이 동의어인지 아닌지 헷갈린다면

단어의 뜻을 찾아보는 습관을 들이는 것도 좋아요.

8월

1일

억제하다

감정이나 욕망, 충동적 행동 따위를
내리눌러서 그치게 하다.
정도나 한도를 넘어서는 것을 억눌러 그치게 하다.

"아침에는 동생 때문에 너무 화가 났지만 간신히 **억제했어.**"

"엄마가 나의 과소비를 **억제하려고** 이번 달부터 용돈을 줄였어."

필사하기

과소비, 분노, 짜증, 허세 등
나쁜 것들을 억제하면서 살면
저절로 효율적인 소비, 기쁨, 가치 등
좋은 것들을 만날 수 있어요.

5월

30일

모방하다

다른 것을 그대로 흉내 내다.

"그림 실력을 기르고 싶다면
마음에 드는 그림을 찾아 **모방해서** 그려 봐."

"글씨를 예쁘게 쓰고 싶어서
선생님이 쓴 글자를 그대로 **모방해서** 써 보고 있어."

필사하기

누구나 처음에는 모방하면서 배워요.

처음에는 혼자 하는 것보다

이미 높은 수준에 도달한 사람을 모방하면서

그들의 방법을 배우는 게 좋아요.

그렇게 시간이 지나면 나만의 것도 창조할 수 있어요.

8월

5월

31일

내심

겉으로 드러내지 않은 실제의 마음.

"너도 **내심** 그 친구가 마음에 들었지?"

"영화를 보는 내내 티는 내지 않았지만,
내심 나도 무서워서 떨었어."

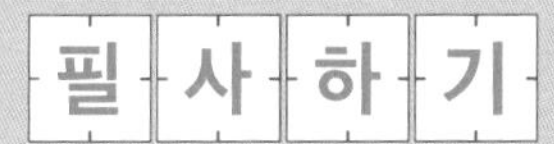

내가 가진 마음을 창피하게

혹은 부끄럽게 여길 때 자꾸 숨기게 되죠.

그걸 내심이라고 말해요.

감출 때는 그게 편안한 것 같지만,

솔직하게 표현하면 오히려 마음이 더 편안해져요.

7월

31일

마침내

드디어 마지막에는.

"지긋지긋한 장마가 **마침내** 끝났네!"

"그렇게 열심히 공부하더니
마침내 만점을 받았구나!"

필사하기

'마침내'라는 말은 참 감동적이죠.

결국 원하는 것을 해냈다는 말이니까요.

살면서 '마침내'라는 말을 자주 하려면

그만큼 끝까지 노력해 본 경험이 쌓여야 해요.

6월

7월

30일

입장

지금 현재의 나를 대표하는 생각.

"우리 반 쓰레기 처리 문제에 대해
어떻게 생각하는지 네 **입장**을 밝혀 줘."

"두 사람의 생각이 달라서
누구의 말을 들어야 할지 내 **입장**이 난처해."

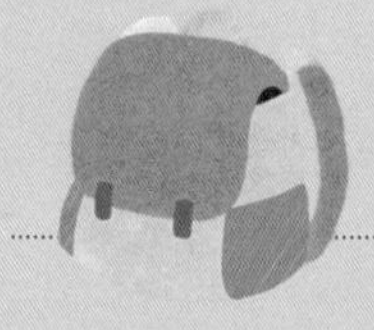

필사하기

모두의 입장은 각자 달라요.

생각도 다르고 처지도 달라서 그렇죠.

그래서 입장은 틀린 게 아니라 다른 거예요.

이해하고 받아들이면 더 많은 것을 배울 수 있죠.

6월

1일

평범하다

뒤어나거나 색다른 점이 없이 보통이다.

"그 친구는 눈에 잘 띄지 않는, 성적이나 외모 모두 **평범한** 학생이야."

"나는 **평범한** 사람이 가장 위대하다고 생각해. 보통의 하루를 반복하는 일이 가장 어렵고 힘든 일이니까."

필사하기

평범한 하루란 지루하고 의미 없는 날이 아니에요.
주어진 일을 착실하게 해낸 평범한 하루가
모이고 모여서 특별한 인생이 되는 거니까요.
평범한 하루가 반복된다는 건
그만큼 가치 있는 일이에요.

7월

29일

평균

여러 사물의 질이나 양을 고르게 한 것.

"우리 가족들은 **평균**적으로
다들 키가 큰데 나만 작아."

"수학 점수가 조금만 더 높았어도
평균 점수가 올랐을 텐데, 아쉽다."

필사하기

100점의 점수를 맞는 어린이가 있다면
50점을 맞는 어린이도 있어요.
그러면 평균은 그 중간인 75점이죠.
평균은 세상이 어떻게 흐르는지를 보여 줘요.

6월

2일

동요하다

마음이 흔들려서 혼란스럽고 술렁이다.

"친구의 멋진 연설이
반 아이들의 마음을 **동요시켰어.**"

"사고가 났을 때는 두렵다고 **동요하지** 말고
침착하게 행동해야 해."

필사하기

예상하지 못한 일이 일어나면
마음이 불안해지고 동요하게 돼요.
하지만 그럴 때일수록 침착하게 행동해야 해요.
급할수록 차분하게 생각해야
해결책도 떠오르니까요.

7월

28일

통찰력

사물이나 현상을 깊이 들여다보는 능력.

"**통찰력**이 뛰어난 사람에게는
깊이 생각한다는 특징이 있어."

"엄마의 속마음을 꿰뚫어 보다니,
통찰력이 대단한데!"

필사하기

통찰력이 뛰어난 어린이는

엄마가 속마음을 이야기하지 않아도 알아채죠.

그건 다른 사람의 마음을 읽는 능력이 있어서가 아니라,

평소에 엄마를 깊이 사랑하는 마음으로

들여다봤기 때문이에요.

6월

3일

집중력

마음이나 주의를 집중할 수 있는 힘.

"나는 선풍기를 틀고 책을 읽으면
이상하게 **집중력**이 높아지더라."

"실력이 비슷해도 **집중력**이 다르면
경기 결과도 달라지는 것 같아."

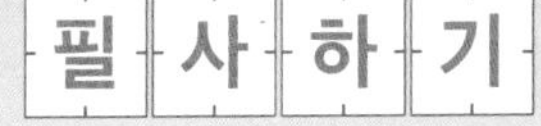

집중력이 높은 사람은

같은 일을 해도 집중해서 금방 끝내요.

정말 하고 싶은 일이 있다면

스마트폰이나 TV를 잠시 꺼 놓고 온전히 집중해 봐요.

그러면 결과도 달라져요.

7월

27일

요인

사물이나 사건이 성립되는 까닭.

"실패에는 다양한 **요인**이 있기 마련이야."

"이번 장마가 유독 심했던 데에는
환경적 **요인**이 컸다고 하네."

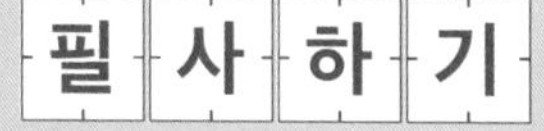

실패든 성공이든 나름의 요인이 있죠.

실패했을 때에도 요인을 찾아서 고쳐야겠지만

성공했을 때에도 요인이 무엇인지 생각해 보세요.

그러면 나의 강점이 무엇인지도

깨닫게 될 거예요.

6월

4일

성격

개인이 가지고 있는 고유의 성질이나 품성.

"**성격**이 모나면 다른 사람들이랑 어울리기 힘들어."

"나는 솔직한 **성격**이 좋더라."

필사하기

돌의 모양과 색이 다른 것처럼,

사람들의 성격도 모두 각자 달라요.

이런 성격도 있고 저런 성격도 있죠.

세상에 나쁜 성격은 없어요.

나와 맞는 성격과 아닌 성격이 있을 뿐이죠.

7월

26일

실용적

실제로 쓰기에 알맞은 것.

"요즘 한복은 디자인이
실용적으로 나와서 입기 편하더라."

"가위나 숟가락처럼 **실용적**인 도구는
또 어떤 게 있을까?"

필사하기

아무리 예쁜 옷이어도,

입었을 때 움직임이 불편하면 자주 입지 않게 되죠.

보기에 좋더라도 내가 사용하기에

실용적이지 않으면

나에게는 그만한 가치가 없는 물건이에요.

6월

5일

절박하다

어떤 일이나 때가 가까이 닥쳐서 몹시 급하다.

"상황이 **절박할수록** 침착하게 생각하고 행동해야 해."

"걔가 나보다 늦게 오긴 했지만
너무 **절박하게** 이야기하니까 양보하지 않을 수가 없었어."

필사하기

나는 나의 하루와 모든 순간을 사랑해요.

그래서 어떤 일도 어중간하게 할 수 없어요.

무언가를 해내려면 끝까지 절박한 마음으로 해야 하죠.

중간에 대충 끝낼 정도로

내 인생은 형편없지 않으니까요.

7월

25일

적합하다

일이나 조건 따위에 꼭 알맞다.

"그 옷은 얇아서 여름에 입기에 **적합**할 것 같네."

"생수는 끓이지 않고 마셔도 식수로 **적합**해."

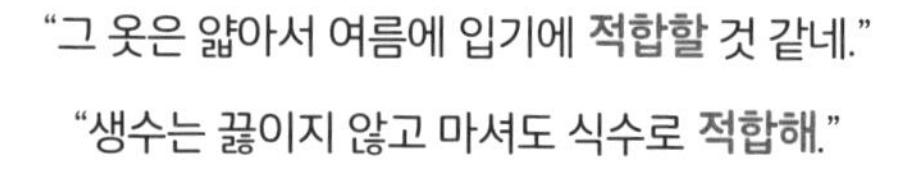

필사하기

건전지 하나를 바꿀 때도

적합한 것을 넣지 않으면 작동하지 않아요.

계절마다 입는 옷이 따로 있고,

마시는 물과 수돗물이 따로 있죠.

물건은 항상 용도를 생각하며 사용해야 해요.

6월

6일

지구력

오랫동안 버티며 견디는 힘.

"뭐든 끝까지 최선을 다할 수 있는 **지구력**이 필요해."

"오래달리기를 잘하려면 **지구력**을 길러야 해."

필사하기

시작은 어렵지 않아요.

지구력 있게 끝까지 해내는 게 힘들죠.

시작한 일을 끝까지 지속하려면

중간에 포기하지 않을 수 있게 지구력이 필요해요.

7월

24일

필요하다

반드시 요구되는 바가 있다.

"더 **필요한** 게 있으면 선생님께 이야기하면 돼."

"부족한 지식을 채우려면,
어느 정도의 독서가 **필요할까?**"

필사하기

어린이에게 가장 필요한 건

무엇이든 배울 수 있다는 자신감과

실수해도 괜찮다는 자존감이에요.

씩씩하고 당당하게 지내는 걸로도 충분히 멋져요.

6월

7일

일상

날마다 반복되는 생활.

"일상은 우리가 가진 것들 중에
가장 값비싼 재산이야."

"간혹 지루한 일상에서 벗어나서
해외로 여행을 떠나는 것도 좋지."

필사하기

사람마다 처한 환경과 지위는 모두 달라요.

하지만 일상이라는 재산은 똑같이 갖고 있죠.

오늘 하루를 어떻게 보내느냐가

우리가 살아갈 인생의 가치를 결정해요.

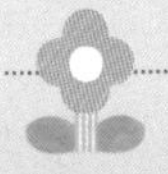

7월

23일

지루하다

시간이 오래 걸리거나
같은 상태가 계속되어 따분하고 싫증이 나다.

"오늘 본 영화는 왜 이렇게 **지루하지?**"

"기다리는 시간이 **지루하면**,
거기에 있는 책을 읽으며 기다리면 돼."

필사하기

지루한 건 나쁜 게 아니에요.

지루한 책이나 영화를 감상하면

지루하게 글을 쓰지 않는 방법을 배울 수 있죠.

내가 그러기로 마음을 먹으면,

어디에나 배울 점이 있어요.

6월

8일

타당하다

다양하게 판단해 보니 옳다.

"논리가 **타당하면** 말에 힘이 실리지."

"지금 네가 하고 있는 말이 **타당하다고** 생각하니?"

필사하기

어떤 일에 대해 타당한 주장을 하려면

먼저 다양한 관점에서 생각해 봐야 해요.

내 입장에서만 생각했다면

상대방 입장에서도 생각해 봐야 하죠.

나는 늘 타당한 생각과 말을 하기 위해 노력할 거예요.

7월

22일

농밀하다

짙고 빽빽하다.

서로 사귀는 정이 두텁고 가깝다.

"평소에 책을 많이 읽어서인지 내가 쓴 글이 **농밀하다**는 칭찬을 들었어."

"우리는 어릴 때부터 함께했으니 더없이 **농밀한** 관계라고 할 수 있지."

필사하기

같은 과일도 어떻게 보관하느냐에 따라

먹을 때 과즙의 농밀함이 달라져요.

생각도 그냥 흘러가게 두는지,

쓰고 말하면서 깊이 고민하는지에 따라

내가 얼마나 농밀한 사람이 될지가 결정되죠.

6월

9일

책임감

맡아서 해야 할 일을 중요하게 생각하는 마음.

"자기 일에 대한 **책임감**을 갖고 있어야,
실수를 통해서도 뭔가 배울 수 있는 거야."

"친구들 중에서 누가 가장 **책임감**이 강한 것 같아?"

필사하기

결과에 책임을 지겠다는 생각으로 임하면
그 일에서 실패와 실수를 경험해도
나만의 자산이 되어 지혜로 쌓이죠.
책임감을 갖고 살아야 배우는 것도 많아요.

7월

21일

비범하다

보통 수준보다 훨씬 뛰어나다.

"축구 연습을 많이 했다더니,
실력이 좋은 정도가 아니라 **비범하기**까지 한걸?"

"너는 **비범한** 사람이니까 어디에 가더라도 잘 적응할 거야."

필사하기

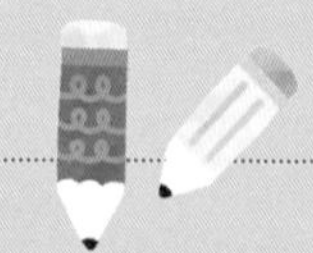

비범한 능력을 갖기 위해

대단한 노력이 필요하지는 않아요.

스스로 '할 수 있어'라고 생각하며 연습하면

어느새 비범한 능력을 갖추게 되죠.

할 수 있다는 그 마음이 가장 비범한 능력이에요.

6월

10일

폭넓다

어떤 일의 범위나 영역이 크고 넓다.
어떤 문제를 바라보는 시각이 다양하다.

"우리 아파트 단지에는 반려동물을 키우는 집이 **폭넓게** 분포되어 있어."

"다양한 책을 읽었더니 친구의 고민을 들어줄 때도 **폭넓게** 생각하게 되었어."

필사하기

한 분야의 책만 읽으면 시야가 좁아져요.
다양한 분야의 책을 폭넓게 읽어야,
세상을 바라보는 눈도 확장할 수 있죠.
그러면 내가 보지 못했던 것들을
볼 수 있어요.

7월

20일

휩쓸다

물, 불, 바람 따위가 모조리 휘몰아 쓸다.

좋은 것들을 모두 차지하다.

"비바람이 동네를 휩쓸고 지나갔어."

"그 친구가 이번에 상이란 상은 다 휩쓸었지."

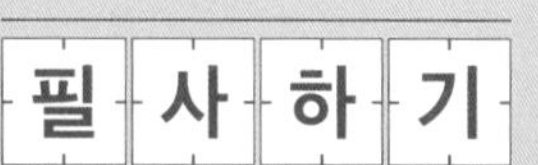

미술 대회에서 상을 휩쓰는 건 멋진 일이지만,

비바람이 세상을 휩쓸고 지나가면

밖에 나갈 수도 없고, 피해를 입을 수도 있어요.

같은 단어에도 이렇게 이중적인 의미가

담길 수 있다니 참 신기해요.

6월

11일

갈아타다

타고 가던 것에서 내려 다른 것으로 바꾸어 타다.

"이번 역에서 내려서 버스로 **갈아타자**."

"우리 집에서 학교에 가려면
지하철을 두 번이나 **갈아타야** 해."

필사하기

버스나 지하철을 제때 갈아타지 못하면

엉뚱한 방향으로 가서 고생해야 하죠.

나의 하루도 그래요.

'이 길이 아닌데'라는 생각이 들 때는

빠르게 다른 길로 갈아타야 해요.

7월

19일

후세

다음에 오는 세상 또는 다음 세대의 사람들.

"이순신 장군, 유관순 열사처럼 나라를 위해 희생했던 선조들의 이름은 이렇게 **후세**에도 기억되고 있어."

"이렇게 멋진 자연환경을 **후세**에도 물려주려면 우리가 쓰레기를 덜 버려야 해."

필사하기

임진왜란 때 활약했던 이순신 장군은

어떠한 어려운 상황이 다가와도

자신의 처지를 비관하지 않았어요.

그 마음이 참 고귀하고 아름다워서

이렇게 후세에도 영향을 미치고 있죠.

6월

12일

재치

상황에 맞는 적절한 말과 행동을 하는 능력.

"침착한 태도를 유지하면 어려운 질문에도
당황하지 않고 **재치** 있게 답할 수 있어."

"저 친구의 **재치** 있는 농담은
언제나 모두의 마음을 편안하게 해 주는 것 같아."

필사하기

재치 있는 사람은 언제나 분위기를 부드럽게 하고,

같이 있는 사람을 행복하게 만들어요.

재치 있는 사람이 되는 방법은 어렵지 않아요.

상대방이 어떤 말을 듣고 싶어 하는지

곰곰이 생각해 보면 돼요.

7월

18일

착실하다

자신이 맡은 일에 늘 충실하다.

"맡은 일을 **착실하게** 해내는 모습이
보기 좋다고 칭찬을 받았어."

"조금씩이라도 용돈을 **착실하게** 모으면
나중에는 내가 갖고 싶은 물건을 살 수 있게 돼."

필사하기

거대한 꿈을 이룬 위대한 사람들도
처음부터 무언가를 잘하지는 않았어요.
하나하나 착실하게 해낸 덕분에
그 자리에 있는 거죠.
나도 이루고 싶은 꿈을 위해 착실한 하루를 보낼 거예요.

6월

13일

집안일

살림을 하면서 해야 하는 다양한 일.

"내가 해 보니까 **집안일**은 진짜 끝이 없더라."

"가족들이 **집안일**을 나눠서 하면,
산더미 같은 일도 금방 끝낼 수 있어."

필사하기

집안일은 해도 해도 끝이 없어요.

그러니 나는 우리 가족 모두가 웃을 수 있도록

내 방을 스스로 청소할 줄 아는

어린이가 될 거예요.

7월

17일

예감

어떤 일이 일어나기 전에 미리 느낌.

"어쩐지 오늘 아침부터 **예감**이 좋더라니,
엄마가 용돈을 주셨어!"

"엄마가 화를 낼 것 같은 **예감**이 들어서
집에 조심히 들어왔어."

필사하기

잘못을 하면 꼭 나쁜 예감이 들어요.
내 안에 죄책감이라는 감정이
나를 쿡쿡 찌르기 때문이에요.
반대로 좋은 생각을 하거나 좋은 일을 했을 때는
자신감과 함께 기분 좋은 예감이 찾아오죠.

6월

14일

떠맡다

일이나 책임 따위를 모두 맡다.

"아빠가 최근에 승진하면서
새로운 일까지 떠맡게 되었다고 불만이셔."

"반장이 아파서 학교를 못 나오는 바람에
부반장이 반장 일까지 떠맡게 되었어."

필사하기

늘 발전하는 사람들은

'떠맡는다'라는 표현을 잘 쓰지 않아요.

새로운 일을 하나 더 경험할

기회를 얻었다고 생각하죠.

7월

16일

비평

사물의 옳고 그름, 아름다움과 추함 따위를
분석하여 가치를 논함.

"수업 시간에 소설을 읽고 **비평**했는데, 정말 어렵더라."

"친구의 글을 **비평**할 때는
무엇보다 잘되기를 바라는 마음으로 해야 해."

필사하기

좋은 비평은 아름다운 것이 왜 아름다운지,
뛰어난 것이 왜 뛰어난지를 잘 알아보는 능력에서 시작해요.
누군가를 헐뜯는 눈이 아니라,
좋은 것을 알아보는 눈이 있어야
비평도 잘할 수 있어요.

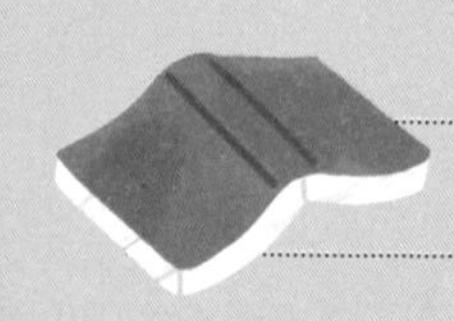

6월

15일

치명적

생명을 위협하는 것.

일의 흥망, 성패에 결정적으로 영향을 주는 것.

"축구를 하다가 넘어져서 다쳤는데,
의사 선생님이 다행히 **치명적**인 상처는 아니래."

"다 아는 문제였지만 시간 안에 문제를 다 풀지 못한 게 **치명적**이었어."

필사하기

치명적인 실수를 했더라도 괜찮아요.

다시 도전하면 실수를 만회할

기회를 잡을 수 있으니까요.

앞으로 잘하겠다는 의지만 있다면

실패는 내 삶에 치명적이지 않아요.

7월

15일

압도하다

보다 뛰어난 힘이나 재주로 남을 눌러 꼼짝 못 하게 하다.

"누가 뭐라고 하든 실력으로 **압도**할 수 있다면
아무도 뭐라고 하지 못할 거야."

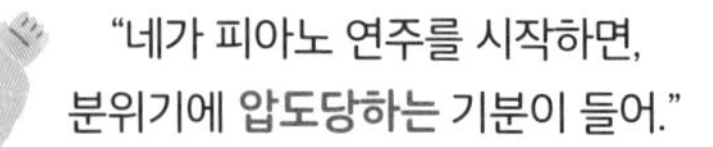

"네가 피아노 연주를 시작하면,
분위기에 **압도**당하는 기분이 들어."

필사하기

남과 비교할 수 없을 정도로

압도적인 실력을 갖춘 사람들은

사실 뒤에서 엄청난 노력을 해 온 사람들이에요.

나도 그만큼 노력하면

압도적인 실력자가 될 수 있죠.

6월

16일

인간성

사람이라면 꼭 갖춰야 할 최소한의 가치.
사람의 됨됨이.

"**인간성**이 좋아야 친구들의 믿음도 얻을 수 있는 거야."

"거짓말을 하지 않고 진실하다면 좋은 **인간성**을 가졌다고 할 수 있지."

필사하기

모든 사물에는 특성이 있어요.

인간에게도 인간성이라는 게 있죠.

좋은 사람들에게 다정하게 말하고

친절하게 대한다면

인간성 좋은 사람으로 살아갈 수 있어요.

7월

14일

추상적

구체적이거나 현실적이지 않고 막연한 것.

"네 설명이 너무 **추상적**이라서
무슨 말을 하고 싶은 건지 잘 모르겠어."

"이번에 네가 세운 계획은 좀 **추상적**이라서
앞으로 어떤 일을 하겠다는 건지 한눈에 들어오지 않아."

필사하기

추상적으로 말하게 되는 이유는

아직 머릿속의 생각이 정리되지 않았기 때문이에요.

정리되지 않은 생각은 아무리 길게 이야기해도

상대방이 쉽게 이해할 수 없죠.

그럴 때는 생각이 더 정리된 후에 말해야 해요.

6월

17일

추세

어떤 현상이 일정한 방향으로 나아가는 경향.

"메시지를 보낼 때 과거보다 이모티콘을
더 많이 사용하는 게 요즘의 **추세**래."

"이 정도의 **추세**라면 평균 점수가
작년보다 10점은 높아지겠어."

필사하기

유행에도, 시험 성적에도 추세가 있어요.

예전부터 지금까지의 흐름을 살펴보면 추세를 알 수 있죠.

추세가 긍정적인 방향이라면 잘 따라가고,

부정적인 방향이라면

따라가지 않으려고 노력해야 해요.

7월

13일

궁리하다

사물의 이치를 깊이 연구하다.

"아무리 **궁리해도** 마지막 문제의 답을 모르겠어."

"문제를 풀기 위해 **궁리하는** 표정을 지을 때,
네 표정이 얼마나 근사한지 알아?"

필사하기

내가 아침에 늦잠을 자고 있을 때도

누군가는 풀리지 않는 문제에 대해

열심히 궁리하며 노력하고 있답니다.

남들이 노력하지 않을 때도 끊임없이 궁리하는 사람들은

언젠가 문제를 해결하게 되어 있어요.

6월

18일

불편하다

어떤 것을 사용하거나 이용하는 것이 거북하거나 괴롭다.
다른 사람과의 관계 따위가 편하지 않다.

"이 청바지는 몸에 잘 맞지 않아서 너무 **불편해**."

"난 이상하게 그 친구가 참 **불편하더라**."

필사하기

불편한 게 있을 때 불평만 하기보다는
'어떻게 하면 불편을 해결할 수 있을까?'를 고민해요.
친구 사이에도, 매일 쓰는 의자나 연필에도
불편을 해결할 수 있는 나만의 해결책이 있어요.

7월

12일

방치하다

돌보거나 간섭하지 않고 그대로 두다.

"충치를 치료하지 않고 **방치하면**
나중에는 이를 뽑아야 할 수도 있대."

"먹다 남은 아이스크림을
식탁 위에 두고 **방치했더니** 다 녹아 버렸어."

필사하기

내게 주어진 몫을 다하지 않고 방치하면
그 일은 결국 나에게 돌아와 나를 힘들게 만들어요.
나는 해야 할 일을 방치해서
나중에 더 힘들어하기보다는
그때그때 해내서 성취감을 느낄 거예요.

6월

19일

희생하다

소중한 것을 위해서 나의 이익이나 시간을 바치다.

"전쟁 때 수많은 군인이 **희생되었지**."

"엄마, 아빠는 언제나 나를 위해 **희생할** 때가 많아."

필사하기

내가 사는 세상은

나라를 위해 희생하는 군인들과

나를 위해 희생하는 부모님을 비롯한

수많은 사람의 사랑이 담긴 희생으로 만들어진 거예요.

7월

11일

지적하다

허물 따위를 드러내어 폭로하다.

"오늘 수업 시간에 문제점을 **지적받고**
바로 고치려는 네 태도가 멋졌어."

"내가 그린 그림을 보고
네가 자꾸 단점만 **지적하니까** 기분이 나빴어."

필사하기

잘못을 지적받으면 바로 고쳐야 하겠지만,

원하지 않는 상황에서

지적당하고 싶어 하는 사람은 없어요.

나는 언제나 단점보다 장점을 바라보며

친구에게 예쁜 말을 먼저 건넬 거예요.

6월

20일

괴롭다

몸이나 마음이 편하지 않고 고통스럽다.

"왜 이렇게 되는 일이 없지? 너무 마음이 **괴롭다.**"

"말이 통하지 않는 사람과 대화를 하면 너무 **괴로울** 것 같아."

필사하기

관계에도 연습과 경험이 필요해요.

무작정 잘해 준다고 해결할 수 있는 게 아니죠.

친구 사이에서 괴로울 일이 생겼을 때는

경험이라고 생각하며

시간을 두고 생각하는 게 좋아요.

7월

10일

둘러싸다

둘러서 감싸다.

어떤 것을 행동이나 관심의 중심으로 삼다.

"우리는 매일 수많은 정보에 **둘러싸여** 있어."

"그 문제를 **둘러싸고** 수업 시간 내내 의견이 분분했어."

필사하기

늘 감사하는 사람들에게 둘러싸여 있다면

살면서 감사할 일이 많아지고,

늘 다정하게 말하는 사람들에게 둘러싸여 있다면

살면서 따뜻한 일이 많아져요.

6월

21일

무력하다

무언가를 시작할 힘이 없다.

"아픈 친구를 도와주고 싶은데
할 수 있는 게 없는 내가 **무력하게** 느껴져."

"이번 시합에서는 정말 이기고 싶었는데
또 안타깝게 지니까 정말 **무력하다**."

필사하기

친구가 내 이야기를 들어주지 않을 때,

부모님이 내 마음을 몰라줄 때,

무력한 마음이 들 수 있어요.

하지만 인내심을 갖고 다가가면

언젠가는 상대방도 나의 마음을 알아줄 거예요.

7월

9일

불쾌하다

못마땅하여 기분이 좋지 않다.

몸이 찌뿌드드하고 좋지 않다.

"친구의 말에 기분이 나쁠 때는 **불쾌하다고** 꼭 말해야 해."

"아침부터 기침이 나면서 몸이 **불쾌하더니** 결국은 몸살이 났어."

필사하기

나는 충분히 예절에 맞게 말하고 행동했지만

무례한 말과 행동으로 불쾌하게 만드는

사람이 있다면 참지 말고 분명히 말해야 해요.

불쾌하다고 말을 해야

그 사람도 잘못을 알 수 있죠.

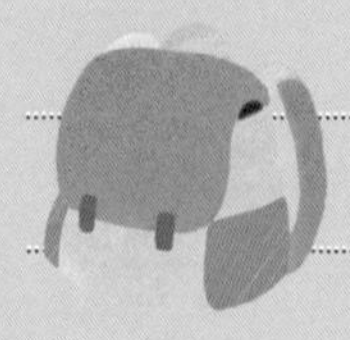

6월

22일

힘차다

힘이 있고 씩씩하다.

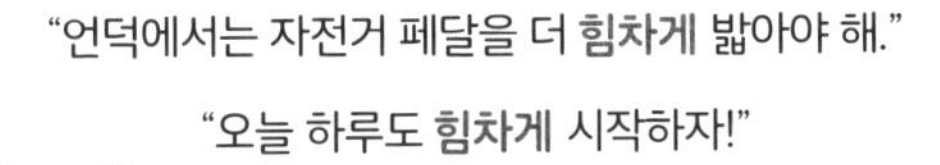

"언덕에서는 자전거 페달을 더 힘차게 밟아야 해."

"오늘 하루도 힘차게 시작하자!"

필사하기

우울하고 괜히 힘이 없는 날이 있어요.

그럴 땐 스스로에게 주문을 걸어서 힘을 내야 하죠.

"나는 뭐든 멋지게 해낼 수 있는 사람이야!"

하루를 힘차게 시작해야 결과도 좋으니까요.

7월

8일

유리하다

이익이 있다.

"국어를 잘하는 사람은 영어를 배울 때도 유리하대."

"걔보다 늦게 시작했지만, 의지는 내가 더 강하니까 내가 더 유리하다고 할 수 있어."

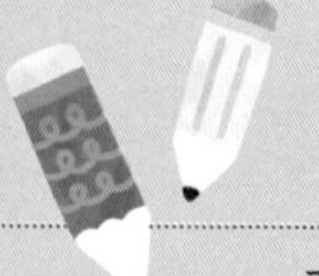

필사하기

꾸준한 노력이 필요한 일을 할 때는

인내심이 강한 사람이 좀 더 유리해요.

그리고 아이디어가 필요한 일을 할 때는

창의력이 높은 사람이 좀 더 유리하죠.

6월

23일

비굴하다

자기만의 원칙이나 용기가 없이 남에게 굽히기 쉽다.

"아무리 잘못한 게 있어도
지나치게 굽실거리는 태도는 **비굴해** 보여."

"영화에서 높은 사람에게 **비굴하게** 아부하는
사람을 봤는데 불쌍해 보이더라."

겸손한 자세는 바람직한 태도이지만
지나치면 비굴해 보일 수 있어요.
잘못을 했을 때도, 지나치게 위축되기보다는
있는 그대로 인정하는 모습을 보이면 충분해요.

7월

7일

부유하다

가진 것이 넉넉하다.

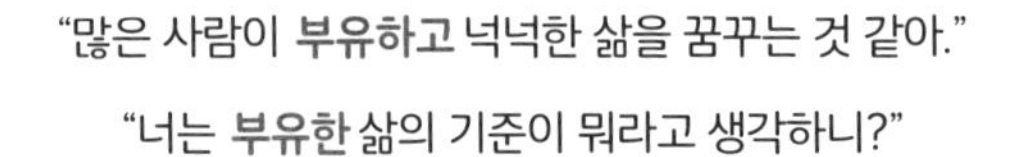

"많은 사람이 **부유하고** 넉넉한 삶을 꿈꾸는 것 같아."

"너는 **부유한** 삶의 기준이 뭐라고 생각하니?"

필사하기

돈이 많은 사람도 부유하겠지만

머리에는 다양한 지식을,

입에는 예쁜 말을,

마음에는 지혜와 배려심을 품고 있는 사람이야말로

남부럽지 않게 부유한 사람이에요.

6월

24일

회상하다

지난 일을 돌이켜 생각하다.

"유치원에 다녔던 내 어린 시절을 **회상해** 보면
그때는 지금보다 키가 훨씬 작았던 것 같아."

"작년에 쓴 일기를 다시 읽으면
지난날이 **회상되면서** 기분이 묘해져."

필사하기

중학생이 되어 교복을 입고

지금을 회상하는 나를 떠올려 봐요.

기분이 어떨까요? 그리울까요, 아니면 후회할까요?

오늘 하루를 후회 없이 보낸다면

미래의 나는 지금을 회상하며 기쁠 거예요.

7월

6일

묵인하다

모르는 체하고 하려는 대로 내버려둠으로써
슬며시 인정하다.

"친구가 답안지를 훔쳐보는 걸 보고도 **묵인했**으니 너도 잘못한 거야."

"반장의 부당한 행동을 알고도 **묵인한**다면
우리 반의 평화는 깨질 수밖에 없어."

필 사 하 기

나는 내 잘못을 모르는 체하지 않아요.

스스로를 칭찬하는 것도 참 중요하지만,

내가 잘못했을 때 묵인하지 않고

책임감 있게 행동하라고 말하는 것도 중요해요.

6월

25일

생산적

그것이 바탕이 되어 새로운 것이 생겨나는 것.

"수업 시간에 토론하면서 오간 이야기가
정말 **생산적**이었어."

"결과에 대해 부정적인 면보다는
긍정적인 면을 생각하는 게 더 **생산적**이야."

필사하기

부정적인 면보다는 긍정적인 면을 바라볼 때,

혼자보다는 함께 이야기를 나눌 때

더 생산적인 결과물을 낼 수 있어요.

좋은 마음이 합쳐지면

결과도 좋을 수밖에 없으니까요.

7월

5일

비유하다

어떤 현상이나 사물을
다른 비슷한 현상이나 사물에 빗대어서 설명하다.

"내 동생은 너무 착하고 순해서 내가 양에 **비유할** 때가 많아."

"서양인들이 사랑을 난로에 **비유한다면**,
한국인은 사랑을 온돌에 **비유할** 수 있지."

필사하기

누군가는 보름달을 쟁반에 비유하기도 하고
다른 누군가는 축구공에 비유하기도 하죠.
어떤 눈으로 바라보느냐에 따라서
비유하는 대상과 표현도 달라져요.

6월

26일

묘사

어떤 대상이나 사물을 글로 쓰거나 그림으로 그려서 표현함.

"소설에 주인공이 바라보는 풍경이 잘 **묘사**되어 있어서
글만 읽는데도 눈앞에 그려지는 것 같아."

"친구가 주말에 있었던 재미난 일을 **묘사**하는데
너무 생생해서 웃음이 막 나왔어."

필사하기

같은 이야기를 해도

생생하고 재미있게 전하는 사람은

묘사를 잘한다는 특징이 있어요.

평소 사람들과 풍경을 잘 관찰하고 기억해 두면

묘사하는 능력을 키울 수 있어요.

7월

4일

참사

비참하고 끔찍한 일.

"작년에 있었던 최악의 **참사**를 결코 잊으면 안 돼."

"**참사**를 당한 사람의 가족들은 얼마나 마음이 아플까?"

필사하기

장마철에는 언제든 비가 쏟아질 수 있으니
가방에 작은 우산을 넣어 다니기로 해요.
늘 만약의 경우를 대비하고 준비하면
쏟아지는 비에 흠뻑 젖는 참사를 피할 수 있어요.

6월

27일

부족하다

필요한 양이나 기준에 미치지 못해 충분하지 않다.

"책임감이 부족한 사람은
아무리 경험을 많이 해도 성장할 수 없대."

"이번 방학 때는 부족한 영어 실력을 키우기 위해서
무엇을 하면 될까?"

필사하기

부족한 게 많다고 해서 주눅이 들 필요는 없어요.

그만큼 앞으로 채워 나갈 수 있다는 뜻이니까요.

체력이 부족하면 운동하는 시간을 채우고,

지식이 부족하다면 독서하는 시간을 채우면 돼요.

7월

3일

탄탄하다

무르거나 느슨하지 않고 아주 야무지고 굳세다.

장래가 아무 어려움 없이 순탄하다.

"매일 운동장에서 축구를 했더니
몸이 **탄탄해진** 것 같아."

"아빠가 그랬는데, 책을 많이 읽어 놓을수록
내 장래도 **탄탄할** 거래."

필사하기

열심히 운동하면 몸이 탄탄해지고,

열심히 공부하면 지식이 탄탄해져요.

그렇게 뭐든 열심히 하면 자존감도 탄탄해지죠.

하루를 보람 있게 보내면

인생도 탄탄해져요.

6월

28일

근사하다

그럴듯하게 괜찮다.

"와, 오늘 입은 옷이 정말 **근사하다!**"

"너는 어쩌면 생각도 그렇게 **근사하니?**"

필사하기

근사하다고 말하면 주변이 저절로 환해지죠.

근사하다고 말하는 입술과

그걸 듣는 사람의 마음,

두 사람이 머무는 공간까지 밝게 빛나요.

한마디 말로 분위기까지 바꿀 수 있어요.

7월

2일

합리적

이론이나 이치에 합당한 것.

"이왕이면 가격이 더 싼 마트에서 사는 게
더 합리적이지 않을까?"

"늦잠을 자서 학교에 늦을 것 같은데,
어떻게 하는 게 가장 합리적일까?"

필사하기

정해져 있는 용돈을 어떻게 써야
가장 합리적일지는 내가 고민해야 해요.
물건을 살 때도, 간식을 살 때도
내게 꼭 필요한지,
가격은 적절한지 살펴봐야죠.

6월

29일

옮기다

어떤 곳에서 다른 곳으로 자리를 바꾸게 하다.

"글쓰기를 통해서 내 생각을 글로 옮기니까 더 분명해졌어."

"자꾸 나쁜 소문을 친구들에게 옮기는 건 좋지 않아."

필사하기

내 생각을 말로 옮기면

말은 다시 상대방의 마음으로 옮겨 가요.

그러니까 말을 할 때는 상대의 마음을 생각하며

내 안의 좋고 귀한 것들을 꺼내야 하죠.

나는 누군가에게 상처가 될 말은 하지 않을 거예요.

7월

1일

오만하다

태도나 행동이 건방지거나 거만하다.

"먼저 잘못해 놓고도 윽박을 지르다니,
너 정말 **오만한** 아이구나?"

"네 말도 일리가 있기는 하지만
그렇게 **오만하게** 말하니 믿음이 안 가."

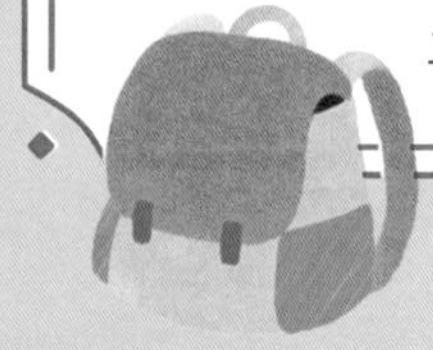

필사하기

살면서 겪는 각종 어려움과 불행들은
우리를 괴롭게 만들기도 하지만
우리가 오만해지지 않게도 해 줘요.
내가 했던 행동이나 습관을 되돌아보게 하니까요.

6월

30일

흡수하다

외부에 있는 물이나 지식 등을 빨아서 거두어들이다.

"종이는 물기를 잘 **흡수**하지."

"땀을 잘 **흡수**하는 옷을 입었더니
여름인데도 기분 좋게 산책할 수 있었어."

필사하기

종이와 수건이 물을 흡수하듯

나는 주변의 많은 것들을 머리와 마음으로 흡수해요.

오늘 들은 좋은 말, 지나가며 본 꽃과 나무,

오늘 읽은 책의 내용까지

쭉 흡수해서 오래오래 가지고 있을 거예요.

7월